천근아의
두뇌 육아

천근아의
두뇌 육아

뇌 발달의 골든타임 0~3세 육아의 핵심

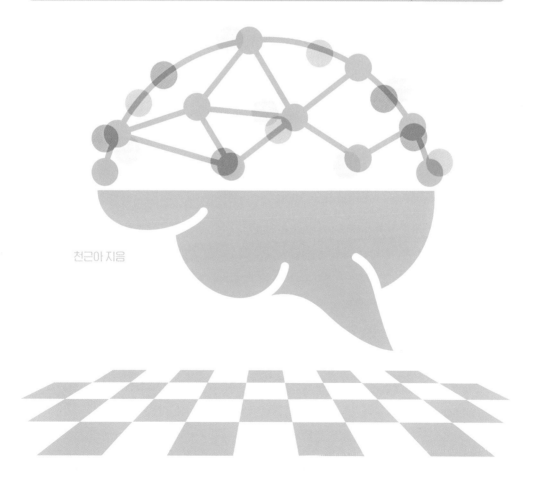

천근아 지음

위즈덤하우스

세상의 모든 아이는 특별하지만
육아는 평범해야 합니다

텔레비전 광고를 보면 우울해진다는 사람들이 많습니다. 값비싼 신상품을 구매하지 못하면 유행에 뒤떨어지고 매력이 없는, 무능한 사람이 될 것 같기 때문이랍니다. '공포 마케팅'의 덫에 제대로 걸린 셈이지요. 아이를 키우는 과정에서 부모 역시 이런 공포 마케팅과 종종 마주합니다. 이 교구를 사주지 않으면 두뇌를 자극할 수 없다고, 이 영양제를 안 먹이면 제대로 크지 못한다고, 이 교육기관에 보내지 않으면 창의력을 키워줄 수 없다고 으름장을 놓고 겁을 주는 사회니까요. 대놓고 겁을 주지 않는다 해도 마찬가지입니다. 많은 이들이 아이를 위해 이 정도도 안 해준다면 좋은 부모가 아니라는 은근한 협박에 죄책감을 느끼며 살고 있습니다.

미디어에서도 부모의 공포와 죄책감을 자극해 화제성을 얻으려 합니다. 가령 언어 발달을 다룬 다큐멘터리가 방송된 이튿날이면 엄마들이 모이는 인터넷 커뮤니티 게시판은 반성문으로 도배가 되다시피 합니다. 특정 시기에 충분한 언어 자극을 받지 않으면 두뇌 신경망이 제대로 구축되지 않는다는 정보가 엄마들을 겁에 질리게 하는 것이지요.

하지만 크게 걱정할 필요가 없습니다. 상식적인 부모가 건강한 아이를 키우는 가
정이라면(대부분이 여기에 해당하지요) 말을 못 배울 만큼 언어 자극이 부족한 환경은
아니니까요. 언어 발달에 필수라는 '언어 자극'은 특별하고 대단한 것이 아닙니다.
아이 옹알이에 웃으며 화답하고, 다정하게 말을 붙이고 애정으로 돌봐주는 일, 평범
한 부모가 하는 바로 그 일이 '언어 자극'이지요.

이 책《천근아의 두뇌 육아》는 9년 전 출간된《엄마, 나는 똑똑해지고 있어요》의
개정증보판으로, 부모가 꼭 알아야 할 0~36개월 시기의 두뇌 발달 정보를 보다 깊
이 있고 입체적으로 담아낸 결과물입니다. 그동안 축적된 임상 경험과 뇌과학 연구
의 진전을 바탕으로, 영유아기의 뇌가 어떻게 성장하고 변화하는지에 대한 통찰을
새롭게 더했습니다. 부모들이 이 책을 읽으며 혹시라도 마음이 무거워지거나 부담
을 느낄까 염려되는 부분이 있습니다. 하지만 이 책은 두려움을 주려는 것이 아니라
아이의 두뇌를 정확히 이해할수록 육아의 방향이 분명해지고, 부모 자신도 더욱 단
단해질 수 있다는 믿음에서 출발했습니다.

예전 저서《아이는 언제나 옳다》가 부모의 내면과 태도, 육아 철학에 대한 이야
기를 중심으로 했다면, 이번 책은 아이의 생후 첫 3년 동안 뇌가 어떻게 연결되고 확
장되는지를 기반으로 부모가 일상 속에서 어떤 방식으로 아이를 도와줄 수 있는지
를 보다 구체적으로 안내합니다. 시기별로 필요한 자극과 반응, 아이의 기질에 따른
맞춤형 접근을 통해, '어떻게 키워야 하는가'에 대한 실질적인 길잡이가 되어줄 것
입니다. 또한 애착을 기반으로 한 감정적 안정감, 다양한 감각을 활용한 자극 그리
고 부모와 함께하는 놀이가 아이의 뇌 발달에 미치는 결정적 영향에 대해서도 새롭
게 조망합니다.

특히 부모가 아이의 뇌 발달 과정을 과학적으로 이해할 때, '혹시 내가 뭘 놓치고

있는 것은 아닐까' 하는 불안에서 벗어나 자신 있고 단단한 마음으로 육아를 이어가게 됩니다. 뇌과학은 단지 정보가 아니라, 부모의 마음을 지켜주는 강력한 지침이 되어줍니다. 육아는 단순히 사랑만으로 되지 않고, 과학이 뒷받침될 때 훨씬 더 명확해집니다.

부모의 경제력과 학력 수준이 아이의 학업 성취에 큰 영향을 끼친다는 연구 결과가 쏟아져 나오고 있습니다. 이런 결과에 매번 낙담했다면 이제는 그럴 필요 없습니다. 만 3세 이전의 아이에게 필요한 것은 돈 있고 많이 배운 부모가 아닙니다. 값비싼 교구를 사주고, 입소문 난 교육기관에 등록시키는 걸로 자기 역할을 다했다고 믿는 부모도 아닙니다. 자식의 미래를 자기 마음대로 휘두르려 하고, 기저귀도 안 뗀 아이에게 한글, 영어, 수학을 억지로 주입하려는 부모는 더욱 아닙니다.

아이 두뇌는 따뜻하게 웃어주고, 틈날 때마다 안아주고, 함께 놀아주는 부모를 원합니다. 그리고 자신의 두뇌 상태를 잘 이해해주고 조율해주는 부모를 필요로 합니다. 이 책은 뇌과학이라는 렌즈를 통해 아이의 발달 과정을 새롭게 조망하며, 생후 36개월까지 단계별로 부모가 실천할 수 있는 구체적인 방향을 제시합니다. 이 책을 펴든 여러분, 건강하고 상식적이며 지극히 평범한 여러분이야말로 아이 두뇌에 가장 좋은 영향을 미치는 대상이자 부모입니다. 이 책은 아이의 두뇌 발달 과정에서 '건강한 부모의 건전한 상식'이 얼마나 중요한지에 대한 뇌과학적 증거와 설명이라 해도 과언이 아닙니다.

그러니 부디 죄책감을 갖지 마세요. 같은 그림책을 수십 번 읽어주고, 아이가 만든 정체불명의 찰흙 작품에 호들갑 떨며 감탄하고, 아이 뒤통수만 봐도 행복한 미소가 떠오르는 당신은 이미 충분히 훌륭한 부모입니다. 똑똑하고 지혜로운 아이는 정서가 안정된 아이이며 바로 당신, 평범한 부모가 만듭니다. 뇌과학이 밝혀준 명쾌한

육아의 길 위에서, 아이는 지금 이 순간에도 똑똑해지고 있고 부모인 당신은 더욱
단단해지고 있습니다. 세상의 모든 평범한 부모들을 열렬히 응원합니다.

2025년 여름의 문턱에서
천근아 드림

PART 1

0~3세 두뇌 맞춤 육아 가이드
: 아이의 발달 과정을 이해하면 육아가 편해집니다

PART
2
오늘도 아이는 자라고 있습니다
: 월령별 두뇌 맞춤 육아법

PART 3

우리 아이 잘 크고 있나요?

PART 1.

0~3세 두뇌 맞춤
육아 가이드

: 아이의 발달 과정을 이해하면
육아가 편해집니다

우리 아이만 이렇게
유난한 것일까요?

'까칠한 아기가 타고 있어요.'

얼마 전 운전을 하고 가다 앞차 뒤창에 이런 문구의 스티커가 붙어 있는 것을 보았습니다. 직업이 직업인지라 머릿속에 갖가지 그림이 그려지며 슬그머니 웃음이 나더군요. 아마도 차 안의 주인공은 부모를 몹시 힘들게 하는 아기겠지요. 먹는 것, 입는 것에 대단히 예민할 수도 있겠지요. 안아서 재우다가 잠들었다 싶어 내려놓을라치면 등에 센서라도 달린 듯 여지없이 울음을 터뜨리며, 어마어마한 떼로 부모를 절절매게 하거나 엄마와는 단 1초도 떨어지지 않으려는 껌딱지 아기일지도 모릅니다. 전문용어로 말하자면 전체 아기의 5~10퍼센트 정도인 '까다로운 아기 (difficult child)'일 것입니다. 도대체 왜 그러는지 말이라도 하면 속이나 시원하련만, 말 못하는 아기를 돌보자면 하루에도 몇 차례씩 발을 동동 구를 일이 생기기 마련입니다. 늘 방글거리는 순한 아기라도 양육을 하다 보면 수시로 물음표를 마주하게 되지요.

까칠하든 순하든, 예민하든 무던하든 부모에게 자녀란 뱃속에 잉태되는 바로 그 순간부터 영원한 미스터리입니다. 부모와 똑같거나 혹은 지나치게 다른 면면을 보여주며 놀라게 하지요. 이 알다가도 모를 존재들을 양육하면서 부모들은 경이에서 경악까지, 그야말로 놀라움의 양극단을 오가는 롤러코스터를 타게 됩니다. 제가 진료실 혹은 주변에서 만나는 부모들에게 가장 많이 받는 질문이 "우리 아이는 도대체 왜 이럴까요?"라는 것도 이런 이유겠지요.

✮✮ 아이의 기질, '뇌'를 알면 보입니다

    수많은 육아서에서 자녀를 이해하는 것을 양육의 제1과제로 꼽지만, 막상 부모들은 자녀를 이해하는 데 상당한 어려움을 토로합니다. "내 속으로 낳았지만 그 속을 정말 모르겠다"는 하소연에 거의 모든 부모들이 공감하지요. 오랫동안 아이 발달과 뇌과학을 연구해온 저는 이렇게 조언하고 싶습니다.

    "열쇠는 뇌에 있습니다."

    뇌는 사실 인간의 모든 것입니다. 뇌와 정신은 긴밀히 맞물려 있으며 뇌의 복잡한 작용에 의해 느낌과 생각, 행동이 일어납니다. 보고, 듣고, 만지고, 냄새 맡고, 맛보는 오감을 통해 받아들인 정보를 해석하며 처리하고 적절한 대응을 지시하는 역할을 하지요. 지금 이 책을 읽고 있는 여러분의 머릿속에서도 집중력을 관장하는 뇌의 한 부분이 열심히 작동하고 있습니다. 또 온몸의 대소근육을 조절해 걷고, 말하고, 단추를 채우고, 글씨를 쓰고, 가위질을 하도록 하는 일상적인 일들이 모두 뇌에서 비롯됩니다. 지능, 성격, 기질, 성장 발달, 감정, 기분, 운동 능력, 사회성, 인간관계 등 한 사람의 모든 특징과 개성이 전적으로 뇌에 달려 있습니다.

    뇌를 이해하지 못한 채 심리를 논할 수 없고 아이의 발달과 행동 또한 이야기할 수 없습니다. 바꿔 말해 뇌의 발달과 변화가 몸과 마음에 어떤 영향을 미치는지를 이해하면 자녀, 나아가 인간을 충분히 이해할 수 있다는 뜻이지요. 아이 뇌에서 벌어지는 일을 이해하면 아이로 인해 분노하지 않아도 됩니다. '내가 태교를 제대로 못한 탓일까?', '아이를 두고 일하러 나가서 그럴까?' 하는 괜한 죄책감에서도 벗어날 수 있습니다. 아이를 어디로 이끌지 현실적인 목표를 세울 수도 있습니다. 결국 부모는 아이의 행동에 다 이유가 있음을 알게 됩니다. 두뇌 맞춤 육아는 바로 여기에서 시작합니다. 흔히 말하는 아이의 기질 역시 뇌의 작용입니다.

우리 아이는 어떤 기질일까요?

1. 젖을 잘 먹나요? ... ☐
2. 목욕하는 것을 즐기나요? ... ☐
3. 젖 먹는 간격이 일정한가요? ... ☐
4. 수면 시간이 규칙적인가요? ... ☐
5. 배변이 규칙적인가요? ... ☐
6. 새로운 장난감이나 음식을 접할 때 거부하지 않고 탐색하나요? ... ☐
7. 낯선 곳에 갔을 때 심하게 울지 않고 쉽게 적응하나요? ... ☐
8. 싫거나 좋은 감정을 온화하게 표현하나요? ... ☐
9. 얼러주면 금세 웃고 반응하나요? ... ☐
10. 기분이 보통 좋은 편인가요? ... ☐
11. 소리나 상황 등 주변 자극이 있을 때 하던 일에 계속 집중하나요? ... ☐
12. 한 가지 놀잇감을 가지고 노는 시간이 긴 편인가요? ... ☐

> • 8개 이상 : 순한 기질 | • 4~7개 : 천천히 적응하는 기질 | • 0~3개 : 까다로운 기질

• **순한 기질(70퍼센트)** : 먹고 자고 배설하는 생활 리듬이 규칙적이고 적응력이 뛰어납니다. 낯선 상황이나 변화에도 쉽게 접근하고 적응하지요. 소위 '낳아놓으면 저절로 크는' 아이입니다.

• **천천히 적응하는 기질(20~25퍼센트)** : 수줍음이 많은 기질로 변화에 적응하는 데 시간이 걸립니다. 낯선 상황이나 변화에 울음으로 반응하지만 그렇다고 격렬한 강도는 아닙니다.

• **까다로운 기질(5~10퍼센트)** : 순한 기질과 반대라고 보면 됩니다. 먹고 자는 패턴이 불규칙합니다. 재우기도 쉽지 않지요. 고집이 세고 예민하며 낯선 상황이나 변화에 격한 반응을 보입니다. 양육에 더 많은 인내와 노력이 필요한 아이입니다.

✯✩ 아이는 기질과 양육의 총합

한 인간은 스스로 가지고 태어난 기질과 부모의 양육이 더해져 만들어집니다. 제가 즐겨 쓰는 계산법이 하나 있어요. 재능이든 기질이든 90을 갖고 태어난 아이는 부모가 10만 주어도 100이 되지요. 10을 갖고 태어난 아이는 부모가 90을 주어야 100이 됩니다. 그런데 아이의 기질은 부모의 양육 태도에도 영향을 미쳐서 10을 갖고 태어난 아이한테는 부모도 10을 주기가 쉽습니다. 반면 90을 갖고 태어난 아이한 테는 부모도 90을 주고는 하지요. 결과적으로 양육에도 '빈익빈 부익부' 현상이 적용되어 좋은 기질을 타고난 아이는 180을, 그렇지 않은 아이는 20만 갖게 됩니다.

$$
\begin{array}{c|l}
& 90 + 90 = 180 \\
\text{기질 + 양육 = 아이} & 25 + 25 = 50 \\
& 10 + 10 = 20
\end{array}
$$

더 구체적으로 이야기해볼까요. 기질적으로 순한 아이는 규칙적으로 먹고 자고 배변합니다. 어쩌다 울어도 부모가 달래면 금세 그치고, 늘 기분이 좋아 보이지요. "이런 애는 열 명이라도 키우겠다" 같은 소리를 자주 듣는 순둥이입니다. 그러니 부모도 아이만 보면 절로 미소가 나오고 자꾸만 안아주고 싶어지지요. 이미 90을 가진 아이에게 부모가 90을 더 주는 셈입니다.

반면 기질적으로 까다로운 아이는 감각이 예민해서 어딘가가 늘 불편합니다. 잠도 깊게 못 자고, 잘 먹지도 않고, 일단 울기 시작하면 숨넘어갈 듯 격한 울음을 터뜨리며 무슨 수를 써도 달랠 수가 없습니다. 이런 아이는 부모 눈에도 도무지 예뻐 보이지 않습니다. 아낌없는 지원과 사랑을 주기는커녕 혼이나 짜증을 내고 심지어 학대도 합니다. 10을 갖고 태어난 아이가 부모에게도 10을 받아 결과적으로 20을 갖고 살아가야 하는 것입니다.

생후 18개월이 넘어가면 아이의 기질적인 특성이 더 두드러지게 나타납니다. 이 시기는 아이가 독립심과 의지력을 키우고 시행착오를 반복하는 때입니다. 순둥이한테도 첫 번째 반항기가 찾아와 난생처음 '미운 두 살'로 불리는 때이지요. 그러니까 까다로운 아이는 오죽하겠습니까. 가뜩이나 고집이 센데, 여기에 독립심과 자율성까지 생기니 그야말로 황소고집, 똥고집이 따로 없습니다. 앞으로 어린이집에 보낸다고 생각해보세요. 낮잠도 안 자고, 잘 안 먹고, 울고, 친구랑 싸우고, 그러다 보면 교사와의 애착 형성도 힘들고, 그러면 어린이집 안 가겠다고 버틸 테고……. 이런 시나리오가 예상되지 않나요?

이때 기질의 이해 없이 무조건 야단치고 윽박지르면 아이는 더욱 까다로워질 것입니다. 이 상태로 초등학교에 올라가면 어떻게 될까요. 분노발작, 우울장애, 학습장애, 반항장애 등이 올 수도 있습니다. 아이가 10밖에 안 가지고 있는데, 부모나 교사도 10밖에 줄 수 없어 생기는 일입니다. 대체 얘는 왜 이리 유별나고 까다로울까, 아이를 탓하고 자기 팔자를 원망해봐도 달라지는 것은 없습니다. 오히려 그런 마음이 고스란히 전달되어 아이만 외롭게 할 뿐이지요.

저는 기질이 정반대인 두 아들을 키웠습니다. 연년생으로 태어나 같은 부모 아래, 같은 환경에서 자랐지만, 처음부터 두 아이는 너무도 달랐습니다. 한 아이는 어딜 가든 금세 적응하고 사람들과 잘 어울렸지만, 다른 아이는 늘 예민하고 조심스러워 사소한 일에도 힘들어하고는 했지요. 그로 인해 저 역시 무척 지치고 고민도 많았습니다. 그러던 끝에, 아이가 타고난 기질을 인정하고 존중하는 것이 부모로서의 첫걸음이라는 것을 깨달았습니다. '그래, 우리 아이는 까다로운 기질을 타고났구나' 하고 받아들이니 오히려 아이를 대하는 마음이 훨씬 편안해졌습니다.

지금 두 아들은 20대 중반의 성인이 되어 각자의 길을 독립적으로 잘 걸어가고 있습니다. 서로 다른 기질을 지닌 두 아이가 각자의 방식으로 삶을 살아가는 모습을 보며, 저는 다시금 그때의 선택이 옳았음을 느낍니다.

✰☆ 그럼에도 아직 부모가 해줄 수 있는 것이 있습니다

까다로운 기질을 타고났다고 해서 반드시 성격이 나쁜 아이로 자라는 것은 아니에요. 기질은 타고나지만, 성격은 그렇지 않습니다. 타고난 기질에 부모의 양육이 더해져 성격이 다듬어집니다. 부모가 아이 기질을 인정하지 않고 억지로 뜯어고치려 하거나 질려 방치하고 외면하면 까다로운 기질이 나쁜 성격으로 이어질 가능성이 크겠지요. 하지만 인정하고, 넉넉한 마음으로 포용해준다면 아이도 자기 기질의 조절법을 조금씩 배워갑니다. 그때서야 비로소 10을 갖고 태어난 아이에게 10이 아닌 90, 그 이상을 주는 부모가 될 수 있을 거예요.

부모, 특히 엄마는 자녀에게 '쿠션'이나 '스펀지'가 되어주어야 합니다. 완충 역할을 해주어야 한다는 뜻입니다. 아이가 바늘을 들이밀면 쿠션을, 물을 뿌려대면 스펀지를 대어주어야 해요. 특히 까다로운 기질의 아이를 키우는 엄마는 열 배, 스무 배 더 노력할 각오를 해야 합니다. 지치지 말고 무던하고 넉넉하면서 따뜻하게 아이를 받아주어야 하거든요. 까칠한 아이를 엄마도 까칠하게 마주한다면 훗날 '나도 어쩔 수 없었어'라고 후회하기에는 너무 큰 값을 치르게 됩니다.

자녀의 뇌에서 어떤 일이 벌어지고 있는지 정확히 알고 나면 아이의 행동을 객관적으로 바라볼 수 있습니다. 자녀를 대할 때 부모로서 가장 피해야 하는 '감정적 대응', 화나 분노 폭발도 자연히 멀리할 수 있겠지요. 부모 노릇을 제대로 못하고 있다는 죄책감도 물리칠 수 있습니다. 나아가 우리 아이의 두뇌 발달에 맞는 맞춤형 양육이 가능해집니다. 폭신하고 흡수력 좋은 쿠션이자 스펀지가 되어주는 것이야말로 '프로 부모'가 되기 위한 필수 덕목입니다.

좋은 부모는 '어떻게'가 아니라 '왜'를 생각합니다

아이를 키우다 보면 흔히 '어떻게'로 시작하는 질문에 몰두하게 됩니다. '어떻게 하면 아이를 똑똑하게 키울까?', '어떻게 하면 성적을 높일 수 있을까?', '어떻게 하면 친구 관계가 좋아질까?' 등의 질문에 매달리지요. 그런데 많은 부모들이 '어떻게'의 답을 구하려면 '왜'를 알아야 함을 간과합니다. 이유를 알지 못하면 결코 올바른 방법을 찾지 못하는데도 말이지요. 질문의 방향을 바꿔보면 어떨까요. 'how'가 아닌 'why'에 초점을 맞춰보세요. '왜 우리 아이는 지능이 기대보다 낮을까?', '왜 성적이 안 나올까?', '왜 친구 관계에 문제가 있을까?'라는 질문에서 출발하는 것입니다. '왜'에 대한 답을 구하게 되면 '어떻게'는 자연스럽게 따라오기 마련입니다.

아이를 낳으면 누구나 부모가 되지만 저절로 '좋은 부모'가 되는 것은 아닙니다. 좋은 부모가 되는 데는 상당한 지식과 내공 그리고 끈기가 필요합니다. 뇌과학은 좋은 부모가 되는 데 도움이 되는 새로운 정보와 이해의 기초를 제공합니다.

자녀의 머릿속에서 벌어지는 현상과 그 결과물인 아이의 행동을 이해하고 최선의 길로 이끌도록 도와주지요. 자녀 양육의 '신세계'로 안내한다고 할까요.

✧☆ 정말 아이는 부모 하기 나름일까요?

불과 얼마 전까지만 해도 사람들은 아이를 텅 빈 도화지 같은 존재라고 생각했습니다. 부모가 아이를 어떻게 키우고, 어떤 환경을 제공하느냐에 따라 장차 어떤 사람으로 자랄지 결정된다는 것이지요. 이 주장을 극단적으로 드러내는 예가 바로 심리학자 존 브로더스 왓슨(John Broadus Watson)의 말입니다. 그는 자기에게 열두 명의 건강한 아이를 주면 아이의 소질, 기호, 능력과는 관계없이 마음먹은 대로 성직자, 예술가, 심지어 거지나 도둑으로도 키워낼 수 있다고 장담했습니다.

아이의 성품이나 재능이 전적으로 양육자와 환경에 달려 있다는 생각은 최근 들어 힘을 잃고 있습니다. 과학기술이 발전하고 뇌를 이해하는 수준이 획기적으로 높아지면서 이제 우리는 말 못하는 아이의 두뇌를 들여다보게 되었습니다. 아이가 어떻게 보고 듣고 느끼는지, 어떻게 걷고 말하는 법을 배우는지, 어떻게 사회적 기술을 익히고 도덕심을 키우는지가 밝혀졌습니다. 또한 아이가 두려워하고 행복해하고 불안해할 때 뇌에서 어떤 일이 벌어지는지도 알게 되었습니다.

뇌의 구조가 밝혀질수록 아이가 텅 빈 도화지 같은 상태로 태어나지 않는다는 점이 분명해졌습니다. 인간의 뇌를 이루는 뉴런이라는 신경세포는 임신 6개월 무렵부터 만들어지기 시작하여 아이가 태어날 무렵에는 1000억 개가량이 완성됩니다. 이는 성인과 거의 비슷한 개수로, 신생아 때 이미 소음과 말소리, 모국어와 외국어를 구별할 줄 압니다. 단지 모국어가 입력되고 발음 기관이 완성되기를 기다릴 뿐이지요.

또한 아이가 부모한테서 물려받은 유전자에는 이미 아이의 기질과 재능이 새겨져 있습니다. 아이의 경험은 부모가 제공한 환경에 갇히지 않습니다. 아이의 타고난 재능이 특정한 경험을 끌어당기기도 하니까요. 예를 들어 음악에 재능이 있는 아이는 부모가 음악 교육을 전혀 시키지 않아도 우연히 들은 노래 한 곡에 매료돼 스스로 음악을 찾아 나서기도 합니다. 아이의 성격 역시 전적으로 부모의 양육 태도에 따라 달라진다고는 말하기 어렵습니다. 앞서 말했다시피 부모는 순둥이와 까다로운 아이를 똑같이 대하지 않습니다. 아이가 타고난 기질이 부모의 양육 태도에 영향을 미친다는 뜻이지요.

텔레비전에서 비행 청소년 뉴스를 접하면 우리는 혀를 끌끌 차면서 부모를 탓합니다. 반면 아이가 명문대에 합격이라도 하면 부모의 교육 비결이 궁금하다며 여기 저기서 난리가 납니다. 아이가 잘되든 못되든 우리는 아이가 아니라 부모를 주목합니다. 아이가 잘되면 부모 덕, 안되면 부모 탓이라는 것이지요. 하지만 뇌과학에서는 아이의 재능이나 기질이 전적으로 부모에게 달려 있지는 않다고 봅니다. 이 말은 부모가 양육을 통해 아이 인생에 전권을 휘두를 수 없고, 그래서도 안 된다는 의미입니다. 아이가 타고난 기질과 재능을 부모 마음대로 바꾸려 할 게 아니라 있는 그 대로 존중하고 인정해야 한다는 의미이기도 합니다. 또 아이가 부모 기대와 달리 자랐거나 문제가 생겼다고 해서 죄책감을 느낄 필요가 없다는 뜻이기도 하지요.

☆ 현대 뇌과학에서 말하는 부모의 역할

그렇다면 부모 역할이란 다 헛되고 쓸모없는 것일까요. 옛 어른들 말씀처럼 모든 아이는 각자가 제 밥그릇을 갖고 태어나니, 부모는 그저 태평하게 손 놓고 구경만 해도 된다는 것일까요. 아닙니다. 뇌과학은 아이가 전적으로 부모의 소관이자 책임은 아니라고 말하는 동시에 부모 역할이 얼마나 중요한지에 대해서도 역설합니다.

아이는 어른과 맞먹는 엄청난 개수의 뉴런을 갖고 태어납니다. 그런데도 숨 쉬고 젖을 빨고 원시적인 반사 행동만을 보일 뿐입니다. 그 많은 뉴런 중 겨우 17퍼센트만 서로 연결되어 있기 때문입니다. 뉴런이 서로 이어져 신경 회로를 만들려면 다리 역할을 하는 시냅스를 만들어야 하고, 그러려면 외부 자극이 필요합니다. 왜 아이는 처음부터 완벽한 신경세포를 갖고 태어나지 않는 걸까요. 뇌가 완벽하지 않아야 무언가를 배우기에 더 적합하기 때문입니다. 만일 뇌가 100퍼센트 완성된 상태로 태어나면 환경에 적응하는 데 더 많은 시간과 노력이 필요할 것입니다. 타고난 뇌가 환경에 적합하지 않으면 생존 자체가 불가능할 수도 있고요. 하지만 미완성의 뇌로 태어나는 경우에는 외부 자극에 따라 일명 '환경 맞춤식 신경 회로'를 완성할 수 있어 생존에 훨씬 유리하겠지요.

물론 환경이 타고난 발달 순서까지 바꿀 수는 없습니다. 두뇌는 안에서 밖으로, 뒤에서 앞으로 발달하고, 신경은 머리부터 시작해 다리 쪽으로 발달합니다. 북극에서 태어났든 정글에서 태어났든, 황금 궁전에서 태어났든 빈민촌에서 태어났든 이 순서를 바꿀 수는 없습니다. 하지만 뇌 발달의 질적인 면은 환경과 경험에 따라 결정됩니다.

우리 뇌는 매우 유연해서 환경에 따라 끊임없이 변화합니다. 이런 성질을 '환경 의존 뇌 가소성'이라고 하지요. 아이가 생애 초기에 하는 경험은 뇌 신경 회로의 구성과 모양을 변화시킵니다. 특정한 경험을 반복적으로 접하면 신경세포끼리 연결되어 회로가 형성되지요. 반면 경험이 차단되어 자주 쓰이지 않으면 시냅스 수가 줄어들다 끝내 죽어버리는 '가지치기'가 진행됩니다. 이렇듯 아이 뇌는 주변 환경에 따라 선택과 집중을 반복하며 발달하여 생후 3년 이내에 뇌의 75퍼센트를 완성해 갑니다. 따라서 신경 회로를 만들어가는 이 시기에 부모가 어떤 환경을 조성하고 어떤 경험을 제공하느냐가 뇌 발달의 핵심 열쇠라 할 수 있습니다.

앞으로 반복해서 설명하겠지만, 만 3세 이전의 두뇌 발달을 위해 부모는 다양한 오감 체험과 안정적인 애착 경험을 아이에게 제공해야 합니다. 뇌과학에서 부모 역할이 중요하다고 말하는 이유도 바로 여기에 있지요. 오감을 다양하게 자극하고 안정적인 애착을 쌓는 것은 부모의 교육 수준이나 경제력, 교양 정도와 아무런 관련이 없습니다. 상식적이고 마음이 건강한 부모라면 누구라도 아이에게 충분한 수준의 두뇌 자극을 줄 수 있습니다.

오히려 문제는 부모가 아이의 두뇌 발달 속도와 구조를 오해하여 지나친 욕심을 부릴 때 생깁니다. 남보다 하루라도 빨리 가르치고, 더 좋은 교구를 사주고, 값비싼 교육 기관에 보내야 두뇌가 발달한다는 생각, 부모가 아이의 발달 시간표를 독단적으로 앞당기거나 좌지우지할 수 있다는 생각이 건강한 뇌 발달을 저해합니다.

부모에게는 아이 인생의 주도권이 없습니다. 그저 아이와 나란히 걸을 뿐입니다. 그런 의미에서 뇌과학은 아이 곁에서 조금 떨어져서 그러나 너 따뜻한 시선으로 아이를 바라보라고 권합니다. 타고난 기질과 발달 단계를 인정하고 존중하면서 긍정적인 경험과 따뜻한 사랑을 제공하는 것이 부모의 참다운 역할이지요.

✿✿ 아이의 평생 행복을 좌우하는 두뇌 육아

최근 수십 년간 CT나 MRI, PET 같은 장비에 힘입어 뇌과학이 급격히 발달하면서 뇌에 대한 지식과 이해 수준도 획기적으로 확장됐습니다. 출생을 전후해서 뇌세포가 어떻게 발달하는지, 아기들이 어떻게 보고 듣고 말하고 걷게 되는지, 사회적 기술과 도덕심, 고등 학습 능력을 어떻게 획득하는지 등이 분명히 밝혀졌지요. 이와 더불어 뇌의 구조와 활동을 한눈에 들여다볼 수 있게 되면서 뇌와 마음의 상관관계까지도 어느 정도 파악하게 되었습니다. 예를 들어 사람이 두려움을 느낄 때, 행복감을 느낄 때, 사랑에 빠졌을 때 뇌의 어느 부분이 어떻게 활성화되는지를 알 수 있게 됐지요. 우리가 흔히 사랑의 심벌로 심장을 형상화한 하트를 쓰지만, 사랑을 관장하는 기관은 심장이 아닌 뇌지요. 뇌과학적 관점에서 보자면 사랑의 상징으로는 하트보다 호두 모양이 훨씬 적절하지 않을까요?

이처럼 뇌의 발달 추이와 학습 메커니즘이 속속 밝혀지면서 학계에서는 자녀 양육에 뇌 특성을 바탕으로 한 새로운 가이드가 필요하다는 목소리가 커지고 있습니다. 아기가 양육자와 어떤 상호작용을 나누고 어떤 자극을 받는지에 따라 뇌의 발달 방향, 나아가 뇌의 기능까지 달라지기 때문입니다.

특히 뇌는 시기별로 발달하는 부위가 다른 만큼 놓쳐서는 안 될 '결정적' 또는 '민감한' 시기가 있습니다. 그러므로 발달 단계에 맞는 적절한 자극과 상호작용을 풍부하게 제공하는 일이 대단히 중요하지요. 뇌는 안에서 바깥쪽으로 발달해갑니다. 수면, 식욕, 성욕 등 본능을 관장하는 영역과 감정, 기억을 담당하는 두뇌 안쪽의 공사가 원만하게 이루어져야 감정, 충동 조절, 계획, 실행을 담당하는 전두엽, 특히 전전두엽이 튼튼하게 발달할 수 있습니다. 기초 공사가 잘 되지 않으면 당연히 부실 공사가 될 수밖에 없겠지요.

뇌에 대한 이해가 깊을수록 아이의 행동과 감정, 발달을 객관적으로 파악하고 효과적으로 지원해줄 수 있습니다. 뇌가 튼튼한 아이는 스트레스를 잘 견디고 낯선 환경이나 상황에서 문제 해결력도 뛰어납니다. 당연히 삶에 대한 행복 지수도 높아지지요. 뇌 발달에 맞춘 시기적절한 육아가 자녀의 평생 행복을 좌우할 수 있다는 뜻입니다.

그렇다면 내 아이의 두뇌 특성을 어떻게 알 수 있을까요? 사실은 그리 어렵지 않습니다. 아이의 행동과 자극에 대한 반응, 집중하는 주제를 잘 관찰하면 그 특성을 금세 파악할 수 있거든요. 이 책은 뇌과학 이론에 기초해 뇌의 기능과 시기별 발달을 중심으로 아이를 이해하고 보다 효과적으로 키우기 위한 지침서입니다. 아이의 잠재력을 십분 발휘하는 방향으로 두뇌가 잘 발달할 수 있도록 돕고, 두뇌 특성에 맞는 방식으로 최적의 양육 방법을 지원하는 것이 목표지요. 이 중요한 프로젝트를 시작하기에 앞서 신비롭고 경이로운 뇌 속을 살짝 들여다볼까 합니다.

뇌,
작지만 강한 사령탑

호두 알맹이 모양의 뇌는 성인을 기준으로 무게가 1.5킬로그램 정도인 세포 덩어리입니다. 성인 남성 평균 몸무게를 70킬로그램으로 잡는다면 고작 2퍼센트에 불과한 무게지요. 크기도 어른 주먹 두 개보다 조금 큰 정도입니다. 하지만 이 자그마한 기관이 인체에서 차지하는 존재감은 실로 엄청납니다. 우리 몸에서 만들어지는 에너지와 혈액이 운반하는 산소의 각각 20퍼센트가 오로지 뇌를 위해 쓰입니다. 그만큼 뇌가 하는 일이 많고 중요하기 때문이지요.

잘 알려져 있다시피 뇌의 기능은 일면 컴퓨터와 비슷합니다. 외부에서 들어온 정보를 입력하고 또 꺼내어 쓰지요. 정보를 재빨리 분류하고 평가하며 의미를 부여한 후 행동을 지시하고 제어합니다. 놀라운 것은 이 모든 과정이 미처 눈 깜빡 하기도 전에 이뤄진다는 것입니다. 어깨에 붙은 머리카락을 떼어내는 지극히 단순한 행동이라도 그 이면에는 뇌와 감각기관, 운동기관 간에 복잡한 신호를 주고받고 행동을 유발시키는 대단히 정교한 물리적, 화학적 과정이 숨겨져 있습니다.

✦☆ 똑똑한 두뇌의 기반을 다지는 생후 3년

모든 동물 중 사람이 가장 복잡한 뇌와 신경계를 가지고 있는데 이것들의 제일 중요한 역할은 여러 가지 감각을 통합하는 일입니다. 이 세상에 사람보다 체스와 바둑을 잘 두는 알파고 같은 인공지능 컴퓨터는 존재하지만, 아무리 대단한 슈퍼 컴퓨터가 장착되어 있더라도 사람처럼 정교하며 유연하고 민첩하게 움직일 수 있는 로봇은 존재하지 않습니다. 천문학적인 액수를 들여 인간과 유사한 모습으로 개발된 첨단 로봇 휴머노이드도 고작 다섯 살 아이의 몸놀림이나 손놀림을 제대로 따라잡지 못하는 수준입니다. 뇌의 능력이 참으로 대단하지요?

21세기 첨단 기술로도 감히 넘볼 수 없는 인간의 뇌는 앞서 말했듯 뉴런이라 불리는 신경세포들로 이루어져 있습니다. 뉴런은 핵을 가진 세포체와 거기에서 식물의 뿌리 모양으로 뻗어나간 수천 개의 수상돌기, 줄줄이 비엔나소시지 모양의 축색돌기 및 수초로 구성되지요. 각각의 신경세포에는 1만여 개의 시냅스가 있습니다. 시냅스는 뉴런들을 연결하는 다리 역할을 하는 조직으로 뉴런이 다른 뉴런에 정보를 전달하도록 해줍니다.

앞서 말했다시피, 뉴런은 태아기인 임신 6개월 무렵부터 만들어지기 시작해 태어날 무렵에는 성인과 비슷한 개수인 1000억 개가량이 완성됩니다. 실로 엄청난 숫자이지요. 상상해보세요. 서울 인구가 약 1000만 명인데 서울 인구의 무려 1만 배에 이르는 세포가 신생아의 그 작은 머릿속에 자리 잡고 있는 것입니다. 신생아의 경우 이 많은 세포 중 약 17퍼센트만이 서로 이어져 있습니다. 사실상 백지상태라고 할 수 있지요. 백지상태인 신경세포들이 외부의 자극을 받으면 위에서 설명한 시냅스가 만들어집니다. 신경돌기의 끝부분이 시냅스를 통해 다른 뉴런의 수상돌기와 연결되고 신경세포끼리 복잡하게 얽히면서 신경 회로가 형성되지요.

이 시냅스 수는 생후 4개월까지 기하급수적으로 늘어나며 돌까지 급격한 증가세가 이어집니다. 신경 회로 수는 생후 8개월~2세에 절정을 이루는데 어린아이는 어른에 비해 거의 두 배나 많은 시냅스를 형성하지요. 3세까지 급증하던 시냅스 밀도는 3~5세를 정점으로 점차 낮아집니다. 시냅스를 형성하지 못한 신경세포가 없어지기 때문이지요.

머리가 좋고 나쁨은 얼마나 치밀한지에 따라 좌우됩니다. 시냅스 수가 많을수록 신경 회로가 많아져 정보를 보다 정확히 전달할 수 있습니다. 쉽게 말해 더 똑똑해 진다는 뜻이지요. 그런데 신경세포를 자주 쓰지 않으면 시냅스가 줄어들다 끝내 죽어버리기도 합니다. 이를 가지치기라고 하지요. 1세가 지나면 아이의 뇌에선 가지치기가 시작됩니다. 가지치기는 뇌 발달에서 시냅스 형성만큼이나 중요한 핵심 과정입니다. 각자의 생활 패턴에서 중요한 것, 필요한 것에 대한 '선택과 집중'을 통해 최적화를 이뤄가는 작업이기 때문이지요.

이것이야말로 뇌와 컴퓨터의 극명한 차이입니다. 한 번 만들어진 컴퓨터는 수명을 다할 때까지 그대로지만, 뇌는 개인의 경험에 따라 기능과 능력이 달라집니다. 어린 시절 어떤 경험을 했는지, 어떤 보살핌을 받았는지, 어떤 감정을 느꼈는지가 성인이 되었을 때 어떤 사람이 될지를 결정짓습니다. 특히 뇌가 극명한 변화를 겪는 생후 3년간이 아주 중요합니다.

☆ 지구상에서 가장 강력한 학습자

사람의 뇌는 지구상에서 가장 강력한 학습자입니다. 흔히 뇌라 하면 호두 알맹이처럼 쭈글쭈글한 생김새가 떠오르지요. 바로 대뇌입니다. 대뇌를 감싸고 있는 구불구불 주름진 거죽이 대뇌피질이지요. 대뇌피질이야말로 사람을 '만물의 영장'으로 만들어주는 핵심입니다. 대뇌피질의 주름을 판판하게 편다면 그 표면적이 기하급수적으로 확장됩니다. 어마어마한 수의 신경세포가 자리하는 데 대단히 유리한 조건이지요. 머리가 좋아지려면 이 대뇌피질이 고루 잘 발달해야 합니다.

뇌를 수박 가르듯 세로로 잘랐다고 한번 상상해봅시다. 대뇌피질은 역할에 따라 크게 전두엽, 두정엽, 측두엽, 후두엽 등으로 나눌 수 있습니다.

• **전두엽**: 대뇌피질의 가장 앞쪽, 이마의 바로 안쪽 부분입니다. 미간에서 2센티미터 정도 들어간 곳에 바로 전두엽이 자리 잡고 있지요. 인성, 성격, 자아 등 인간의 의식

| 뇌 세로 단면도 |

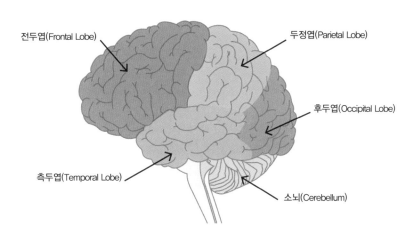

전두엽(Frontal Lobe)

두정엽(Parietal Lobe)

후두엽(Occipital Lobe)

측두엽(Temporal Lobe)

소뇌(Cerebellum)

작용을 담당하는 곳이 바로 전두엽입니다. 특히 전두엽에서도 맨 앞부분인 '전전두엽'은 우리의 생각을 담당합니다. 추리나 유추, 판단 같은 고도의 사고와 몸의 움직임을 조절하지요. 주의력결핍·과잉행동장애(ADHD)를 비롯한 정신장애는 대개 전두엽이 고장 나서 생깁니다.

• **두정엽** : 전두엽의 뒤쪽으로는 두정엽이 자리하고 있습니다. 촉감에 의한 정보를 받아들이는 곳이지요. 차갑거나 뜨겁거나 따끔하거나 답답하거나 등의 감각 신호를 처리합니다.

• **측두엽** : 대뇌피질 중 양쪽 귀 주변에 넓게 퍼져 있는 부분입니다. 후각과 미각, 청각을 담당하는 곳이지요. 언어를 비롯한 모든 소리를 처리합니다. 특정 감각을 기억했다가 그 감각이 들어왔을 때 반사적인 행동을 유발하기도 합니다.

| 뇌 가로 단면도 |

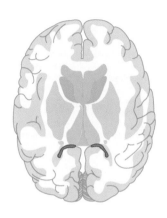

• **후두엽** : 대뇌 반구의 맨 뒤쪽 부분입니다. 후두엽은 눈에서 입력되는 시각 정보를 담당하지요. 눈에 문제가 없어도 후두엽이 손상되면 앞을 볼 수 없습니다.

이번에는 뇌를 가로로 뚝 자른다고 상상해볼까요. 의학 드라마에서 자주 등장하는 뇌를 찍은 MRI 영상을 떠올리면 됩니다.

뇌의 가로 단면을 보면 정중앙을 기준선으로 왼쪽과 오른쪽 반구가 대칭을 이루고 있습니다. 가장자리는 어둡게, 안쪽은 밝게 나타나지요. 마치 학창시절 미술 시간에 했던 데칼코마니 작품과 비슷한 형태입니다. 이 어두운 부분을 회백질, 밝은 부분을 백질이라 부르는데 회백질이 바로 대뇌피질입니다. 앞에서도 설명했듯 신경세포가 집중되어 있는 부분이지요. 회백질은 세포체에서 뻗어 나온 수상돌기입니다. 그 중심은 '대뇌 기저핵'이라고 불리는 곳으로 우리 몸의 움직임을 주관하는 중요한 부분입니다. 대뇌에는 그 외에도 감각기관 정보를 대뇌피질로 보내는 시상과 시상하부(간뇌), 호르몬을 분비하는 뇌하수체, 감정을 조절하는 대뇌변연계가 있습니다. 대뇌와 소뇌, 뇌간이 뇌를 구성하는 큰 축입니다.

✦✧ 뇌에도 훈련이 필요합니다

한 사람이 무엇을 배우고 또 얼마나 많이, 빨리 배울 수 있는가는 모두 뇌가 결정합니다. 경험에 의해 뇌 시냅스가 변하기 때문입니다. 뇌가 새로운 정보를 배우는 가장 중요한 원리는 '반복'입니다. 특정 정보를 반복적으로 접하면 신경세포끼리 연결돼 회로가 형성됩니다. 그 정보는 고정된 기억으로 바뀌어 필요할 때 언제든 꺼낼 수 있는 지식이 되지요. 쉬운 예를 들어볼까요. 초등학교 시절 외웠던 구구단이 대표적입니다. 어른이 되어서도 곱셈을 할 때면 구구단이 효자 노릇을 하지요. 굳이 암산을 하지 않아도 필요할 때 저절로 튀어나와 계산을 쉽게 해줍니다. 어린 시절 구구단을 반복적으로 접하고 외우면서 신경 회로가 형성되고 이것이 지식으로 고정된 결과이지요.

어떤 동작이나 운동도 마찬가지입니다. 우리가 매 끼니 거의 무의식적으로 하게 되는 숟가락질, 젓가락질부터 피겨 퀸 김연아 선수가 보여줬던 교과서 점프에 이르기까지 인간의 모든 움직임과 활동은 그 동작을 할 때 활성화되는 뇌세포들이 연결되어 회로를 형성하는 원리로 이뤄집니다.

그런데 뇌세포와 신경 회로도 근육과 같아서 쓸수록 강해집니다. 많이 하는 것을 잘하게 되지요. 반대로 쓰지 않는 뇌세포는 점점 약해지겠지요. 우주 비행사들이 오랜만에 지구로 되돌아오면 균형 감각을 찾는 데 어려움을 겪는 것이 바로 이 때문입니다. 2008년 한국인 최초의 우주인 이소연 씨의 지구 귀환 중계 장면을 보셨나요? 우주선에서 내리는 이 씨는 마치 다리를 쓰지 못하는 듯 휘청거립니다. 지상에서 그를 기다리던 사람들이 재빨리 부축하지요. 우주에 머무는 동안 중력에 대한 감각 수용기들이 자극을 받지 않았기 때문입니다.

태어나자마자 오른쪽 시력이 손상된 아기가 있었습니다. 아기가 만 3세가 되었을 때 뇌 영상을 찍어봤더니 일반 아기에 비해 시각을 담당하는 후두엽의 활성도가 오른쪽 눈을 관장하는 왼쪽 부분은 물론 왼쪽 눈을 관장하는 오른쪽 부분까지 현격히 떨어져 있는 것으로 나타났습니다. 많이 쓰지 않아 약해진 것이지요. 다른 각도로 보자면 다양한 감각을 반복적으로 경험하게 함으로써 뇌 기능을 높일 수 있다는 증거입니다. 특히 특정 기능이 급속도로 발달하는 '민감한 시기'라면 더 말할 필요가 없지요.

머리가
좋다는 것

수년 전 표준화한 검사 도구로 전 세계 초등학생들의 지능을 평가한 결과가 발표된 적이 있습니다. 당시 우리나라 초등학생의 평균 지능이 선진국을 비롯한 다른 나라 학생들에 비해 월등히 높게 나타났지요. 이를 두고 논란이 분분했지만 한 가지 확실한 것은 우리나라 부모들이 사회적 지위나 경제력에 상관없이 아이의 지적 능력을 향상시키는 데 상당한 공을 들인다는 사실이었습니다.

그렇다면 대다수 부모들의 뜨거운 관심사인 내 아이의 지능은 어떻게 결정될까요? 흔히 '머리가 좋다'고 하면 '공부 머리'를 연상합니다. 말과 글을 남보다 빨리 깨치거나 기억력이 뛰어나거나 숫자에 밝아 셈을 잘하는 등 특정한 '기능'이 좋다는 의미로 받아들이지요. 하지만 수리 능력이나 암기력은 많고 많은 뇌 기능 중 극히 일부일 뿐입니다.

뇌과학의 관점에서 머리가 좋다 함은 환경 혹은 낯선 과제에 대한 적응력, 다시 말하면 문제 해결 능력이 뛰어나다는 뜻입니다. 새로운 환경에 처했을 때 각각의 기능을 적절히 통합하고 조화롭게 활용해 새 환경에 발 빠르게 또한 수월하게 적응하는 능력을 가리키지요. 선택과 실전의 연속인 인생에서 최선의 판단을 내리고 기민하게 적응하는 사람이 앞서가는 법이니까요.

인생의 성패를 가르는 환경 적응력은 전두엽에서도 맨 앞에 위치한 '전전두엽'이 담당합니다. 앞에서 잠깐 언급했지만 전전두엽은 계획 수립, 판단, 문제 해결, 추론 및 추상화, 융통성, 통찰, 충동 조절 등 고차원적인 인지 능력을 포괄하는 실행 기능을 주관합니다. 뇌의 곳곳에서 전달된 정보를 종합하고 분석해 우리 몸의 각 부분에 적절한 지시를 내리지요. 말하자면 두뇌 기능 전체를 총괄하는 지휘자 역할이라고 할까요.

뇌는 시각, 청각 등 감각 정보를 처리하는 뒤쪽에서 실행 기능을 주관하는 앞쪽으로 발달해나가는데 뒤쪽의 감각 정보 센터가 10세 이전에 완성되는 데 반해 지휘 센터 격인 전전두엽은 20대 중후반 즈음에 이르러서야 완전히 성숙합니다. 어려서 ADHD로 진단받은 사람이 성인이 돼서 전전두엽이 완성된 후 증상이 자연스럽게 사라지는 경우도 있지요. 이 전전두엽이 제대로 작동하려면 좌뇌와 우뇌가 정보를 원활히 주고받아야 합니다. 좌뇌와 우뇌를 잇는 '뇌량'이 그 역할을 하지요. 뇌량은 8세 무렵부터 본격적으로 발달해 사춘기까지 성숙해갑니다. 그럼 어떻게 하면 뇌의 각 부위가 균형 있게 발달하고 전전두엽이 기민하게 작동하는 아이로 키울 수 있을까요?

앞에서도 말했다시피 뇌는 어떤 경험을 심어주느냐에 따라 회로의 구성과 모양이 결정됩니다. 경험과 환경에 가장 민감한 연령이 만 2~3세인데 이 시기에는 신경 연접의 수가 늘어나 신경 회로의 범위가 확장되고 신경 그물망도 촘촘해집니다. 아이에게 가능한 한 긍정적인 경험을 심어주어야 성장해가면서 전두엽 기능과 자기 절제력이 제대로 작동합니다.

흔히 말하는 '머리'가 아무리 좋아도, 즉 전전두엽이 잘 발달해도 감정을 주관하는 뇌(변연계 등)가 안정적으로 받쳐주지 않으면 두뇌는 그 힘을 제대로 발휘하지 못합니다. 중앙정부와 지방정부에 빗대어 설명해볼까요. 중앙정부의 지휘 능력이 아무리 뛰어나다 해도 지방정부의 역량이 떨어진다면 나라가 제대로 돌아가지 않겠지요. 꼭 기억하세요. 정서적 안정이 모든 뇌 발달의 근간을 이룹니다. 그리고 정서 안정은 부모와 자녀의 관계에 따라 좌우됩니다.

아이가 이 세상에서 가장 먼저 만나는 타인은 부모요, 가장 먼저 마주하는 사회는 가정입니다. 자녀가 어떤 환경에도 담대하고 영민하게 대처하는 사람이 되기를 바란다면 영아기부터 부모를 비롯한 가족과 따뜻한 관계를 맺고 가정에서 잘 적응하는 일이 정말 중요합니다. 양육자와 안정적인 애착과 친밀한 관계를 형성하는 일은 훗날 원활한 대인 관계와 사회 적응을 위한 첫 단추입니다. 영유아기에 부모의 격려하에 호기심을 한껏 펼치고, 타인과 즐거운 관계를 쌓으며, 필요할 때 자연스럽게 타인의 도움을 요청할 수 있는 연습이 충분히 되어야 합니다.

✬☆ 환경은 타고난 유전자도 바꿉니다

공부 머리는 타고난다고들 합니다. 반은 맞고 반은 틀린 말입니다. 사람마다 얼굴 생김새가 다르듯 뇌도 사람마다 차이가 있습니다. 개인의 지능과 성격, 기질, 재능은 부모로부터 물려받은 유전자에 따라 상당 부분 결정됩니다. 하지만 환경 또한 이에 못지않은 영향을 미치지요.

발달심리학이나 소아청소년 정신의학계에서는 사람의 능력을 결정짓는 요소로 타고난 본성과 환경의 영향 중 무엇이 더 중요한지를 놓고 수십 년간 뜨거운 논쟁을 벌여왔습니다. 최근의 결론은 두 요소가 모두 중요하며 서로 상호 작용해서 인간의 발달에 영향을 미친다는 것입니다. '발달'이라는 개념에는 이미 한 개인이 속한 가정과 사회, 문화, 국가의 영향이 고루 녹아 있으니까요. 저는 이런 예를 많이 듭니다. 빌게이츠가 태어나자마자 우리나라의 외딴 시골 농가에서 자랐다면 어떻게 되었을까요? 제아무리 천재적 두뇌를 가진 사람도 발달에 필요한 자극이 없었거나 적절한 환경이 제공되지 않은 채 자랐다면 현재의 모습과는 상당한 차이가 있을 것입니다.

'똑똑한 아이로 키운다'는 말은 아이가 가진 두뇌의 잠재력을 최대로 발휘시켜주는 양육 방식과 전략을 사용한다는 뜻입니다. 환경은 유전자도 변화시키며 타고난 두뇌의 미세한 신경계 구조도 바꿔놓을 수 있습니다. 그런 관점에서 '똑똑한 아이 만들기'는 충분히 실현 가능하다고 하겠습니다.

물론 무척 조심스러운 이야기입니다. 자칫 낙후된 지역의 아이들이나 경제력이 낮은 부모를 둔 아이의 지능이 낮을 수 있다는 의미로 읽힐 수 있으니까요. 하지만 환경이 중요하다는 말의 핵심은 유전적으로 결정된 선천적 잠재 지능이 최대로 발휘될 수 있도록 도와주어야 한다는 관점에서 이해하면 될 것 같습니다. 또한 뇌를 위한 적절한 환경과 자극은 값비싼 교구나 학습지를 제공함을 의미하는 것이 아니라는 사실도 유념해야겠지요.

적절한 환경 속에서 경험과 연습 그리고 노력이라는 삼박자가 잘 맞아떨어질 때 뇌는 그 잠재력을 활짝 꽃피울 수 있습니다. 좋은 씨앗을 양지바른 땅에 심고 필요한 양분을 제때 제공하며 정성껏 가꿀 때 가장 탐스러운 열매를 얻을 수 있는 것처럼요.

☆ 뇌에도 '적기 교육'이 필요합니다

뇌과학 기반 육아에서 가장 중요한 포인트는 뇌가 영역별로 담당하는 분야가 다르며, 활발히 발달하는 시기 또한 다르다는 점입니다. 언어, 사회성, 정서 등이 동시다발적이 아니라 시기에 따라 순차적으로 발달한다는 사실을 꼭 유념해야 합니다. 지금까지 연구에 따르면 뇌는 크게 4단계의 발달 과정을 거칩니다.

0~3세까지는 뇌가 일생에서 가장 활발히 성장하면서 오감이 발달합니다. 인지와 정서, 신체 등이 고루 발달하는 시기입니다. 특히 18개월 전까지는 감각운동기로 다양한 감각을 탐색하고 경험하도록 도와주는 것이 좋습니다. 빨아보고 만져보고 던져보며 감각을 익히고 소근육을 키워야 할 시기입니다. 3~6세는 측두엽과 후두

엽이 가장 왕성한 발달을 보입니다. 측두엽은 언어를 주로 담당하는데 이 시기에 한창 폭발적으로 언어가 발달합니다. 6~12세는 전전두엽이 발달하기 시작하는 시기입니다. 전두엽은 사고 판단, 주의집중력, 언어, 감정, 도덕성 등 인간이 가진 고도의 정신 기능과 작용에 관여하지요. 이 시기가 되어야 비로소 오랜 시간 착석이 가능하고 한 가지 주제에 집중하는 능력이 생겨납니다.

초등학교 입학 연령이 8세인 것도 실은 뇌과학적 근거에 기반을 두고 있다고 할 수 있지요. 비로소 한자리에 40분씩 엉덩이를 붙이고 한 주제에 집중할 수 있는 때가 됐다고 보는 거지요. 수업 시간의 집중력을 유지하려면 뇌의 실행 기능이 제대로 작동해야 하는데 전전두엽이 성숙한 후에야 실행 기능이 작동하기 때문입니다. 전전두엽은 만 6세는 되어야 성숙이 시작되지요. 그러니 정서나 사회성이 발달되어야 할 어린 연령의 아이를 앉혀놓고 한글이며 영어며 숫자를 가르치거나 인지적인 내용을 교육하려 드는 것은 실로 어리석은 일이라고 할 수 있어요. 재능을 개발하기는 커녕 오히려 정서장애 같은 심각한 부작용을 초래할 수도 있습니다. 두뇌 부실 공사를 자초한다 할까요.

언젠가 제 진료실에 5살 여자아이가 방문한 적이 있습니다. 기저귀를 일찌감치 떼었는데 갑자기 소변을 못 가리고 자꾸 불안해한다는 이유였습니다. 아이는 영어 유치원을 다니며 악기 세 개를 배우고 여러 가지 방문 학습지도 하고 있다고 했습니다. 엄마는 "아이가 잘 따라간다"고 말하더군요. 하지만 아이는 영어 유치원에서 영어로만 말해야 한다는 데 상당한 스트레스를 받고 있었습니다. 화장실 갈 때도 영어를 써야 하니 자꾸만 용변을 참게 되고 이것이 병(스트레스성 유뇨증)이 된 것이었지요. 또 지나친 조기교육으로 인지 과부하가 걸린 상태였습니다. 아이는 즉시 일반 유치원으로 옮겼고, 본인이 원하는 피아노만 배우도록 했습니다. 환경을 교정한 후 얼마 지나지 않아 아이의 증상은 언제 그랬냐는 듯 사라졌습니다. 드라마틱하지요? 진료를 하다 보면 이런 사례를 숱하게 목격합니다.

아이 교육에서 정말 중요한 깃은 '적기'입니다. 10세 이후에는 그 전까지 형성된 시냅스를 반복적으로 사용하고 다양하게 적용할 때 시냅스가 더욱 복잡해지고 정교해집니다. 즉 적기에 다양하게 감각을 경험하도록 함으로써 시냅스 수를 늘리고 더 많은 신경세포를 효과적으로 사용하도록 도와주는 것이 똑똑한 아이를 만드는 지름길입니다.

영유아기 때는 다양한 체험과 경험을 통해 풍부한 감각을 접하고 느끼도록 해야 합니다. 이를 통해 감각피질이 왕성하게 발달하도록 돕고 평생에 걸쳐 이뤄질 학습을 위한 이해 능력을 확장시켜주어야 하지요. 뇌는 가소성(변화하는 상황에 적응해가는 능력)이 있어 뇌를 얼마나 많이 사용하는가에 따라 계속 변화하지만 나이가 들면 뇌의 유연성이 떨어지고 새로운 학습에 더 오랜 시간이 걸린다는 점은 분명합니다.

학습과 기억의 바탕이 되는 뇌의 작동 방식을 이해하면 학습 전략을 달리할 수 있고, 뇌가 정보와 기술을 습득하고 활용하는 방식을 이해하면 뇌의 학습 역량을 최대로 활용할 수 있습니다. 여기서 또 하나 오해하지 말아야 할 것은 이때 '학습'이란 '성적용' 공부가 아니라는 점입니다. 아이가 세상에 태어나 학습해야 할 것은 인생을 행복하고 효과적으로 살아가는 기술과 전략입니다. 뇌 기반 육아의 지향점은 아이가 그 기술을 잘 익힐 수 있는 토대를 탄탄히 다져주는 것이지요. 명심하세요. 조기교육이 아니라 적기 교육이 중요합니다.

이러한 면에서 생후 3년간은 충분한 놀이로 아기의 감각기관을 깨우고 감정과 언어, 사회성 영역을 담당하는 뇌를 발달시키는 것을 목표로 삼아야 하지요. 6세까지는 좌뇌와 우뇌가 연결되고 해마체가 발달하면서 장기 기억 시스템이 가동되는 시기입니다. 또래와 신나게 뛰어놀고 올바른 언어를 사용하도록 지원해주어야 해요. 6세부터 사춘기까지는 본격적으로 학습이 시작되는 시기입니다. 뇌는 사춘기 이후에야 비로소 고차원적인 학습을 할 준비를 갖추게 되는 만큼 사춘기까지는 학습보다 건강한 뇌 발달에 주력해야 합니다. 그래야 때가 되었을 때 무르익은 역량을 한껏 발휘해 학습에서도 최고의 성과를 낼 수 있어요.

우리 아이 생후 3년,
그 첫걸음

아기가 태어나 첫 울음을 터뜨린 순간부터 혼자 걸음을 떼고 걷고 말을 배우기 시작하는 영아기는 부모와 아이 모두에게 정말 소중한 시간입니다. 이때 엄마(주 양육자)의 부재는 아이에게는 곧 죽음을 의미합니다. 말 그대로 엄마가 아이의 우주요, 절대자이지요. 아기를 돌보는 엄마에겐 가장 수고로운 시간이기도 합니다. 하지만 그 고된 시간이야말로 아기가 장차 인간답게 살아갈 단단한 기틀이 됩니다.

이 시기의 가장 중요한 키워드는 애착입니다. 애착이란 아이가 자신을 돌봐주는 사람이나 특별한 대상과 형성하는 강력한 감정적 유대입니다. 주 양육자와 맺는 애착 관계는 미래 모든 관계 형성의 기본이자 안정의 근본입니다. 애착이 탄탄히 형성되어야 아기가 엄마, 나아가 세상에 대한 안정감과 신뢰감을 갖고, 유아기 성장의 토대를 안정적으로 다질 수 있습니다.

✧ 일관성 있게, 빠르게, 민감하게!

안정적 애착은 아이가 성장하면서 좌절이나 난관에 부딪혔을 때 쉽게 무너지지 않도록 도와주는 '정서적 백신'과도 같습니다. 언어 능력은 물론 대인 관계 능력, 정서 조절 능력, 스트레스 극복 능력 등을 끌어올려주지요. 앞에서도 강조했듯 정서가 안정되어야 모든 발달과업을 문제없이 수행할 수 있습니다. 그러므로 아이와 안정적인 애착을 형성하는 것이 이 시기의 최우선 과제입니다.

그럼 애착은 어떻게 형성될까요? 애착은 엄마(주 양육자)와의 정서적, 물리적 상호작용을 통해 구축됩니다. 특히 즐거운 상호작용을 나누어야 정서적 유대감이 쌓이고 안정적인 애착을 형성할 수 있습니다. 영아기 때 양육자와 교감을 얼마나 나누었는지 또 양질의 일대일 소통을 얼마나 주고받았는지, 얼마나 많은 양의 언어를 들었는지가 훗날 아이의 인성과 대인 관계, 언어 능력까지 좌우하게 되지요. 그러니 끊임없이 안아주고 만져주고 말을 걸어주세요. 그 무엇보다도 사람과의 상호작용이 중요합니다. 제대로 돌보지 않으면 아기는 큰 타격을 받습니다. 영양 상태나 건강이 좋지 않고 감각이나 사회적 자극이 심하게 결핍된 환경에서 자란 아기는 걷기, 말하기 같은 운동 발달은 물론 사회·정서·인지 발달이 지연되는 경향이 두드러집니다.

저는 양육의 3대 원칙으로 'CRS'를 꼽습니다. C(consistency, 일관성), R(responsiveness, 반응성), S(sensitiveness, 민감성)의 약자이지요. 아기에게 일관적으로 신속하고 민감하게 반응해주어야 합니다. 그중에서도 일관성이 특히 중요합니다. 아기가 엄마의 반응을 예측할 수 있도록 해주어야 해요. 아기는 엄마의 반응을 보고 행동 방침과 세상 사는 방법을 배워갑니다. 그런데 같은 행동, 사건에 대해 엄마의 반응이 제각각이라면 아기는 엄청난 혼란을 느끼겠지요. 엄마가 기분이 좋을 땐 잘했다고 엉덩이를 두드려주다가 기분이 나쁠 땐 소리를 버럭 지른다면 아기는 어찌할 바를 모르게 됩니다. 제대로 된 행동 전략을 익힐 수 없지요.

반응성도 중요합니다. 아기가 울면 즉각 반응해주어야 해요. 할 일 다 하고 볼일 다 보고 그제야 아기를 들여다봐서는 곤란합니다. 이런 일이 되풀이되면 아기는 엄마, 나아가 세상에 대한 신뢰를 잃습니다. '울어봤자 소용없다'고 생각하게 되는 거지요. 결국 자포자기 상태가 되어 무기력한 아이가 될 수 있습니다. 이 시기에는 아기를 잘 돌보는 것이 가장 중차대한 덕목입니다. 집 안이 쑥대밭이더라도 거기에 신경을 쓰기보다 아기와 눈을 맞추고 물고 빨고 놀아주는 게 훨씬 중요해요.

민감성은 아기의 요구를 예민하고 민감하게 포착해야 한다는 의미입니다. 아이에게 민감하게 반응해줄수록 애착의 질이 좋아져요. 아기는 기저귀가 젖어 우는데 젖병을 들이밀거나 안아서 흔들어준다면 아기에겐 스트레스가 쌓이겠지요. '등이 가려운데 허벅지를 긁어주는' 둔감한 엄마는 아이 정서에 부정적 영향을 미칠 수 있습니다.

✩☆ 뇌 기능을 발달시키는 시기

송아지나 망아지는 태어나자마자 곧장 서고 걷고 심지어 뛰어다닙니다. 고래는 태어나자마자 바닷속을 유연하게 헤엄치고 새는 알에서 나온 지 몇 주만 지나면 날 수 있습니다. 하지만 사람의 아기는 그렇지 않지요. 포유류 중 사람만큼 태어나서 혼자 걷기까지, 나아가 부모로부터 독립하기까지 오랜 시간이 걸리는 동물은 없습니다.

동물마다 부모로부터 보호받는 기간이 다른 것은 삶의 특성에 따라 뇌의 기능이 달리 발달했기 때문입니다. 돌봄받는 기간이 길수록 고도의 생존 기술을 배우고 익히는 데 유리합니다. 안전한 그늘막에서 생각하고 예측하고 시험해보는 연습을 충분히 할 수 있으니까요. 아기의 뇌가 미성숙한 것은 평생에 걸쳐 복잡한 삶의 기술을 배우기 위한 필요하고도 충분한 조건이라고 하겠습니다.

출생 후 돌까지 아기의 뇌는 가히 폭발적이라 할 만큼 왕성히 성장합니다. 이 시기 아기는 먹고 자는 일이 전부 같지만 사실은 삶에서 가장 역동적으로 신경 회로를 형성하면서 고유의 뇌 지도를 그려갑니다. 전체 에너지의 60퍼센트가 뇌에서 소비될 만큼 대단한 작업이지요. 아기가 내내 잠을 자는 것도 이 때문입니다. 폭포수처럼 쏟아지는 외부 자극을 받아들여 신경망을 만들어내려니 얼마나 고되겠어요. 고개를 가누고, 뒤집고, 기고, 걷고, 말하는 아기 발달의 모든 것이 신경세포의 발달과 직결됩니다. 하지만 여기에는 반드시 동력이 필요합니다. 바로 자극이지요. 외부 자극이 없다면 뇌는 발달할 수 없습니다.

　예를 들어볼까요. 아기는 태어날 때부터 소리를 낼 수 있습니다. 하지만 어떤 언어를 말하게 될지는 전적으로 환경에 달려 있지요. 어떤 소리를 듣고 자라느냐에 따라 모국어가 달라지는 것입니다. 이에 관해 흥미로운 연구 결과가 있습니다. 일본인은 보통 [r] 발음과 [l] 발음을 구분하는 것을 힘들어하지요. 일본어에 없는 발음이기 때문입니다. 그런데 1980년대 미국 워싱턴 대학교에서 수행된 연구에 따르면 일본 아기들도 생후 10개월 이전에는 [r]과 [l]을 제대로 구분할 수 있는 것으로 나타났습니다. 그러나 해당 시기 이후 'r'과 'l' 소리를 경험하지 못하면서 점차 그 두 발음을 변별하는 능력(시냅스)이 사라지는 것으로 관찰됐습니다. 물론 일본 아기들이 일본어와 영어에 계속 노출되었다면 두 발음을 구분하고 말하는 능력이 계속 유지되었을 것입니다.

　지금까지 연구에 따르면 생애 첫 3년 동안 얼마나 많은 일대일 의사소통을 경험했는지가 학령기 이후 읽기 능력을 예측할 수 있는 가장 강력한 단서입니다. 음소를 인식하는 것이야말로 언어 형성의 기본 재료니까요. 읽기를 완성하는 데도 음소 인식이 가장 기초적인 재료가 됩니다. 아이가 엄마의 자극에 능동적으로 반응하면 거기에 유용한 시냅스들이 증가합니다. 신경 연결이 많을수록 수초화가 더 많이 일어나고 수초화가 증가할수록 신경 구조는 더욱 튼튼해지지요. 삶의 기술을 배우는 데 필요한 장비가 한층 든든히 갖춰지는 것이지요.

　더불어 엄마는 이 시기에 월령별 표준 성장 발달 정도와 내 아이의 성장을 주의 깊게 비교해보아야 합니다. 발달 이상 여부를 판별할 수 있는 시기이기 때문입니다. 사람마다 발달 시간표는 다 달라서 어떤 아이는 빠르고 어떤 아이는 늦습니다. 아이 발달을 남들과 비교해 안달복달할 필요는 없습니다. 물론 '늦된 아이'라고만 생각하다 병원을 찾을 시기를 놓치는 경우 또한 없지는 않지요. 연령별 정상 발달 범위를 정확히 알아두고 우리 아이가 적절하게 발달하는지 꾸준히 점검해보세요. 간혹 발달에 문제가 있는 경우라도 조기에 발견해서 치료할수록 예후가 좋아집니다. 또래보다 6개월 이상 발달이 늦거나 이상이 있다면 전문가를 찾아 조금이라도 빨리 중재에 들어가는 것이 중요합니다. 운동 발달과 신경 발달은 밀접한 관계가 있는 만큼 잘 체크하기를 권합니다.

☆☆☆ 아기는 자면서 큽니다

과거 미국 《뉴스위크》에서는 신생아 수면과 성장률의 관련성을 조사한 에모리대 인류학과 교수 팀의 연구 결과를 보도했습니다. 신생아의 수면이 한 시간 증가하면 아이의 성장 속도가 무려 20 퍼센트 증가한다는 것입니다. 잠은 새로운 자극과 정보를 받아들이고 또 엄청난 시냅스 폭발을 감당하기 위한 휴식으로 꼭 필요합니다. 연구에 따르면 아기가 자는 동안 신경 회로 연결에 필요한 단백질의 30~40퍼센트가 사라지면서 신경망들이 재구성 되고 정리정돈 됩니다. 또 시냅스 간의 연결이 강해지는 기억 강화 현상이 일어납니다. 이렇듯 잠은 두뇌를 효율적으로 사용하는 데 필수적입니다. 수면은 두뇌의 재활성화나 발달 촉진에만 영향을 미치는 것이 아니라 전반적인 장기 성장 및 성숙, 체중 증가와도 깊은 연관이 있습니다. 자다가 자주 깨고 수면 리듬이 불규칙한 아이들은 두뇌 발달을 포함한 신체 발달에 문제가 생길 수 있다는 이야기지요. 잠이 부족한 뇌는 언어 발달이 느리고 학습 능력도 떨어집니다. 그러니 아기가 졸려하거나 피곤해할 때는 편안히 쉴 수 있도록 도와주세요.

어린 시절의 경험이
아이의 능력을 결정합니다

　부모들이 흔히 저지르는 실수 중 하나가 아기를 무시하는 것입니다. 말도 못하고 먹고 자고 울기만 하니 아무것도 모를 거라 생각하지요. 아기 앞에서 부부 싸움을 하거나 아무렇지도 않게 욕설을 내뱉기도 합니다. 심지어 아이가 좀 크고 나서도 '어린데 뭘 알겠어'라는 생각에 함부로 행동하는 경우가 적지 않습니다. 그런데 아기는 말만 못할 뿐 어른이 생각하는 것보다 훨씬 뛰어난 기억력과 감정을 갖추고 있습니다. 그리고 이 기억이 아이의 인성 형성과 성인기 인격에 지대한 영향을 미칩니다.

　기억은 크게 단기 기억과 장기 기억으로 나뉩니다. 장기 기억은 오랫동안 지속되는 기억입니다. 장기 기억은 회상할 수 있는 명시 기억과 회상하지 못하는 암시 기억으로 구분되지요. 의식적으로 기억하지 못할지라도 모든 경험은 뇌에 고스란히 남습니다. 또 그 경험은 아이의 성격과 인성 형성에 중요한 변수가 됩니다.

✦ 아이들은 다 기억하고 있습니다

　뇌에서는 경험에 따라 신경연접 활성화가 일어난다고 했지요. 즉 어떤 환경에서 어떤 경험을 하느냐가 신경 연결망의 형태를 결정한다고 해도 과언이 아닙니다. 어린 시절 경험과 그로 인해 각인된 기억이 의식 아래에 묻혔다 해도, 두뇌의 회로 형태에 상당한 영향을 미쳐 결국 아이의 행동과 대인 관계 패턴을 결정짓는 요소로 작용할 수 있는 것입니다. 무심코 한 부모의 행동이 무의식적으로 각인되어 아이의 사고나 정서에 심대한 영향을 끼칠 수 있다는 뜻이지요. 감정도 마찬가지입니다. 태어날 즈음 뇌의 변연계는 거의 성숙한 상태가 됩니다. 기쁘고, 슬프고, 화가 나고, 무섭고, 깜짝 놀라고, 싫어하는 기본 감정이 이미 자리 잡혀 있지요. 신생아도 목욕물이 뜨거우면 울고 이상한 냄새를 맡으면 싫어하잖아요.

'트라우마'라는 용어를 들어보셨나요. 우리의 감정을 지배하는 기억, 곧 사람들이 경험하는 정신적인 상처를 일컫는 말인데 영유아기에 받은 트라우마는 아이의 평생에 그림자를 드리울 수 있습니다. 특히 뇌가 불완전한 상태에서 정서적 충격을 받으면 대인 관계나 성격 형성에 심각한 문제가 생길 수도 있지요. 또 아이가 스트레스를 지속적으로 받으면 장기 기억에 많은 영향을 미치는 해마체와 편도핵이 손상돼 기억 체계가 망가지기도 합니다. 정서가 안정된 아이가 공부도 잘한다는 세간의 속설은 뇌과학적 근거에 기반한 것이지요.

정리해볼까요. 신생아기부터 긍정적 경험을 많이 쌓도록 도와주세요. 자녀와 나누는 끊임없는 대화, 놀이 활동은 아이의 기억력을 강화하고 언어와 정서 능력, 사회성을 증진시킵니다. 기억 회로를 활발하게 하고 인생에서 벌어진 중요한 기억들을 강화시키려면 오감을 동원한 대화와 놀이가 필수입니다. 전문가들이 부모들에게 아이를 훈육시키기 이전에 끊임없이 소통하고 눈빛을 교환하며 놀아주라고 주문하는 이유이기도 합니다. 부모로부터 질 좋은 자극을 듬뿍 받은 아이는 몸과 마음이 쑥쑥 발달합니다. 그 경험을 토대로 감정이 풍부하고 사회성이 뛰어난 똑똑한 아이로 자랄 수 있습니다.

✩ 갓난아기를 위협하는 산후 우울증

갓난아기를 키우는 엄마의 악덕을 들라면 저는 주저 없이 우울증을 첫손에 꼽습니다. 최근 미국에서 발표된 연구에 따르면 우울 증상이 있는 엄마와 건강한 엄마의 뇌 반응이 확연히 달랐습니다. 뇌를 찍어보니 건강한 엄마는 아기 울음소리에 뇌가 크게 활성화된 데 반해 우울한 엄마는 뇌에 별다른 변화가 없었습니다. 아기가 울어도 무덤덤하더라는 거지요.

아기가 우는 것은 나름대로 다양한 신호를 보내는 행동입니다. 건강한 엄마들은 아기가 울면 이를 받아들이고 어서 돌봐주어야겠다는 생각을 하지요. 반면 우울한 엄마들은 '돌봄'에 대한 필요가 활성화되지 않고, 그 결과 아기에게 제대로 반응해주거나 욕구를 충족시켜주지 못합니다. 거듭 말했듯 아기가 울 때 엄마가 어떻게 반응하는지는 아기의 전반적인 발달에 큰 영향을 주며 장기적으로 엄마와 아기의 관계 형성에도 깊은 영향을 미칩니다. 산후 우울증은 상당히 흔한데, 전문가의 도움을 받아 우울의 늪을 이겨내야 합니다. 엄마를 위한 가족의 전폭적인 지지와 지원도 필수겠지요.

부모라면 누구나 자녀를 잘 키우고 싶어 하지요. 자녀를 잘 키우려면 영아기 초기 엄마의 역할이 가장 중요합니다. 이 시기에 엄마가 넘치는 에너지로 아이를 돌보고, 아이의 요구에 적극적으로 응해주고, 신나게 놀아주어야 하거든요. 그런데 엄마가 우울하거나 에너지가 없으면 그 영향은 아이에게 고스란히 전가됩니다. 물론 부정적인 방향이지요. 이때 아빠와의 역할 분담이 특히 중요합니다.

사회적으로 아빠 육아가 주목받고 있지만 육아에서 아빠의 실질적 효용은 3세 이후부터입니다. 생물학적으로 민감성이 떨어지는 아빠는 초기 영아기 아이의 욕구를 제대로 파악하기 어렵습니다. 아빠의 진가는 3세 이후 놀이 대상이 되어주면서 빛을 발합니다. 그 전까지는 엄마가 지치지 않고 육아에 전념할 수 있도록 아빠가 집안일을 맡거나 다양한 방법으로 아내의 활기 충전을 도와주기를 아빠들에게 권합니다.

노는 것이
제일 중요해요

돌 이전 아기의 최대 과업은 잘 먹고, 잘 자고, 잘 노는 일입니다. 다시 말해 잘 먹이고, 푹 재우고, 눈을 맞추며 놀아주는 게 이 시기에 부모가 해주어야 할 가장 큰 과제지요. 간혹 아기와 어떻게 놀아주어야 할지 모르겠다는 부모들이 있습니다. 조금도 어렵게 생각할 필요가 없습니다. 울면 안아주고, 옹알이에 성의껏 답해주고 아기의 행동 하나하나에 '오버가 아닐까' 싶을 정도로 열심히 반응해주면 됩니다. 부모가 아이와 진심으로 놀아주어야만 아이의 타고난 기능이 제대로 발달할 수 있습니다.

✦✧ 우리 아이를 인재로 만드는 놀이

아이들에게 놀이는 심심풀이 수단이 아니라 두뇌와 신체 발달을 촉진하는 연료이자 학습 도구입니다. 아이들이 사랑하는 숱한 신체 놀이들은 감각기관과 운동기관을 연결하는 회로 형성을 촉진시켜 건강한 뇌 발달을 도와줍니다. 또한 아이들은 이런저런 놀이를 통해 세상이 어떤 곳인지 시험해보고 자신만의 생존 전략을 만들어갑니다. 또한 놀이는 언어 발달의 기본이기도 합니다. 풍부한 놀이 자극이 두뇌에서 언어 이해와 표현을 담당하는 신경 회로의 연접 수를 증가시켜주거든요.

인간의 뇌는 언제나 배우기 위해 열중하고 있는데 가장 효과적인 조력자가 놀이입니다. 모든 아이의 발달과 학습의 상당 부분은 유아기에 받는 자극과 강화에 기초

합니다. 뇌가 가장 많이 성장하는 생후 첫 12개월은 좋은 느낌을 가질 수 있는 자극을 풍부하게 제공해야 합니다. '준비된 발달'에 시동을 거는 것도, 속도를 내도록 하는 것도 모두 자극입니다. 이때 자극은 대부분 놀이를 기반으로 하지요. 재미있는 놀이를 통해 뇌에 긍정적인 정서 자극이 많이 가해질수록 아이 두뇌의 신경연접이 무한대로 증가하고 확장돼요. 기억과 긍정적인 정서 경험이 연합됐을 때 무의식 속에 자리 잡은 기억의 힘은 좋은 인성과 안정적인 대인관계로 나타나지요.

놀이는 창의성과 사회성을 관장하는 뇌 부위를 자극합니다. 자기주도성, 창의성, 유연성 등 21세기 인재가 필요로 하는 덕목을 키우는 가장 강력한 동인이 놀이입니다. 어른의 창의성은 어린 시절의 창의성과 깊은 연관성이 있다는 연구 결과도 많지요. 그런데 갈수록 아이들의 놀이 시간은 줄어드니 실로 아이러니합니다.

자, 아이는 신생아 때부터 놉니다. 시각과 구강 감각을 이용한 놀이가 첫걸음이지요. 쉽게 말해 모빌을 보고 손가락을 빠는 등의 행동이 모두 놀이입니다. 좀 커서는 부모와 눈을 맞추고, 옹알이를 하고, 기어다니고, 걸어 다니며 만져보고 던져보는 모든 행동이 놀이입니다. 잡기, 빨기, 물기와 같은 오감 경험을 통해 두뇌에 새로운 인식의 구조들이 잡혀가면서 뇌가 발달하지요.

따라서 영아기에는 오감 발달을 촉진할 수 있는 보고, 듣고, 만져보는 놀이가 필요합니다. 놀이로 감각기관을 충분히 자극해야만 향후 인지 발달을 위한 탄탄한 기초가 다져집니다. 다양한 색깔과 모양의 물건을 보여주고 만지게 해주세요. 갖가지 촉감의 천 조각이나 날카롭지 않은 물건들을 제공하면 더욱 좋겠지요. 청각 자극으로는 부모의 목소리만큼 좋은 게 없습니다. 옹알이에 적극 반응해주고 말을 걸어주세요. 다양한 동물 소리와 음악을 들려주는 것도 도움이 됩니다. 끊임없는 대화와 놀이 활동은 아이에게 안정적인 정서를 갖게 하고 기억력을 높이며 언어 능력과 사회성을 증진시킵니다. 시각, 청각, 촉각, 미각, 후각 등 오감을 동원한 대화와 놀이는 기억 회로를 재점화시키고 중요한 기억을 강화시켜주지요. 오감 만족은 곧 두뇌 만족으로 이어집니다.

그런데 모든 자극이 좋은 것은 아닙니다. 독이 되는 자극도 있습니다. 일례로 과도한 미디어 자극은 뇌 발달을 저해하는 만큼 피해야 합니다. 특히 스마트폰은 노출 시기를 늦출수록 좋습니다. 스마트폰이 '국민 육아 도우미'로 활용되는 요즘 세태는 뇌과학자이자 소아정신과 전문의로서 대단히 우려되는 상황입니다. 어린 시절 스마트폰의 강도 높은 자극에 반복적으로 노출되면 전두엽 등 대뇌피질이 불안정해져서 훗날 주의력 결핍 같은 문제를 초래할 수 있습니다. 또 상호작용이 아닌 일방적 자극과 피드백으로 인해 의사소통 능력도 감소시켜 언어와 정서 발달에도 심각한 문제를 야기할 수 있습니다. 훗날 어지간한 자극은 시시해지고 강렬한 자극에만 반응하려는 뇌의 특성을 갖게 되기도 합니다.

✰✰ 최고의 언어 선생님은 부모입니다

아이의 뇌에 가장 큰 영향을 미치는 외부 자극은 부모(주 양육자)와의 상호작용입니다. 언어도 마찬가지입니다. 뇌 속의 언어 센터는 사람과의 실제 상호작용을 통해서만 활성화돼요. 아이들은 주변 사람의 말을 듣고 따라 하면서 언어를 습득합니다. 다시 말해 주 양육자와 나누는 대화가 언어 발달을 촉진하는 최고의 양분입니다. 부모가 수다쟁이가 되어야 하는 이유이기도 하지요. 아기가 첫 단어를 말했다는 것은 어휘 습득이 폭발적으로 시작되리라는 신호입니다. 아이의 시선을 따라가며 집 안 구석구석 사물의 이름을 말해주고 아이의 행동을 말로 읽어주세요. 아기가 공을 바라보면 "이건 공이야", 아기가 공을 던지면 "공을 던졌구나. 공이 통통 튀어 오르네"라고 들려주는 거지요. 또 아기가 울고 웃는 등 감정을 표시할 때 그 감정의 이름을 달아줍니다. 아기가 기저귀가 젖어 울면 "기저귀가 젖어 불편하구나(기분이 좋지 않구나)"라고 말해주세요.

책을 읽어주는 것도 언어 발달에 효과적입니다. 신생아 때부터 아기 곁에 가까이 앉아 책을 읽어주세요. 동영상이나 오디오 CD는 일방적 자극만 주어 아기에게 별

다른 도움이 되지 않습니다. 기계가 들려주는 언어는 양방향성이 결여되어 있지요. 드라마에서 주고받는 대화도 마찬가지입니다. 어휘는 늘릴 수 있을지 몰라도 일상에서 주고받는 구어체(화용언어) 발달이 오히려 저하됩니다. 민감하고 섬세한 대화 능력이 떨어질 수 있어요.

　적어도 두 돌까지는 텔레비전 등 미디어에 노출시키지 않는 게 좋습니다. 잊지 마세요. 사람과 얼굴을 마주하고 신나게 노는 것이 언어 인지와 사회성 발달의 초석입니다.

PART 2.

오늘도 아이는
자라고 있습니다

: 월령별 두뇌 맞춤 육아법

●0~5개월●

감각이
눈을
뜹니다

0~1개월

발달 특징 :

반사 행동을 보여요

1 신생아의 평균 체중은 3~3.4킬로
그램, 신장 50센티미터, 머리둘레
는 가슴둘레보다 큰 '대두'에 4등
신 숏다리 체형입니다. 평균 체온은
36.5~37.5도 정도로 성인보다 높은
편인데 스스로 체온을 잘 조절하지
못합니다. 땀을 많이 흘리고 외부 온
도에 민감하지요. 실내 온도를 20도
전후로 일정하게 조절해주고 옷은

너무 두껍지 않게 입히는 것이 좋습니다. 여름이라면 선풍기나 에어컨 바람을
직접 쐬지 않도록 조심해야겠지요. 주로 먹고 자는 게 일이며 보통 하루의 4분
의 3(16~20시간)을 잠을 자며 보냅니다. 자극이 있을 때만 반응하지요. 처음에
는 밤낮이 따로 없지만 2주가량 지나면 하루 일과에 조금씩 적응하는 모습을
보입니다. 처음부터 규칙적인 일과로 아이를 돌보는 것이 육아의 평화를 앞당
기는 지름길이지요.

2   신생아의 시각은 크게 발달하지 않아 눈앞에서 20~25센티미터쯤 응시할 수 있는 정도입니다. 그 너머는 아직 희미한 세상이지요. 반면 청각은 완전하진 않지만 성인의 청력에 가깝습니다. 엄마 목소리는 자궁에서부터 알아들을 수 있지요. 또 생후 1개월 정도 되면 사람 말소리와 다른 소리를 구별해 지각할 수 있고, 태어난 지 며칠만 지나도 엄마의 냄새를 알게 됩니다. 아픔이나 뜨거움 등 생존에 필요한 감각은 이때부터 확실히 구분합니다. 태어난 그 즉시 애정 어린 손길로 쓰다듬어주고 부드러운 목소리를 들려주는 것을 잊지 마세요. 아기도 듣기 좋은 소리를 좋아한답니다.

3   이 시기의 뇌는 약 400그램 남짓으로 신경세포 수는 거의 성인과 다름없지만 아직 신경 회로는 형성되지 않았습니다. 이때 보이는 행동은 대부분 의지와 상관없이 반사적으로 일어납니다. '빨기 반사'로 태어나자마자 젖꼭지를 찾아 물고 입술에 닿는 것은 무엇이든 빨고 봅니다. '포유 반사'로 뺨을 살짝 건드리면 고개를 돌리고 입을 벌려 젖꼭지를 찾지요. 손바닥에 닿은 엄마 손가락을 꽉 쥐거나(쥐기 반사) 발바닥을 문지르면 발가락을 폈다가 오므리기도(바빈스키 반사) 합니다. '모로 반사'라고 해서 팔을 폈다가 움츠리며 깜짝 놀라는 반응을 보이기도 하지요. 이처럼 자극을 받으면 무의식적으로 움직이게 되는 것을 '원시 반사'라고 하는데 뇌가

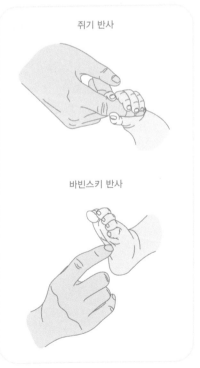

쥐기 반사

바빈스키 반사

발달하고 신경 회로가 제대로 작동하기 시작하면 반사 행동은 서서히 사라집니다.

4 이 시기의 아기는 전적으로 울음을 통해 의사를 표시합니다. 배가 고프거나, 불편하거나, 기저귀가 젖었거나 등 이유에 따라 울음소리도 다르지요. 육아용품점에서 아기 울음 통역기가 고가에 팔린다지만 사실 조금만 관찰하면 아기의 희망 사항을 어렵지 않게 구별할 수 있습니다. 아기가 울 때는 그 욕구를 즉각 해소해주어야 합니다. 배고파하면 먹이고 칭얼거리면 품에 안고 충분히 달래주세요. 이즈음 하루 수유 횟수는 평균 7~8회이지만 횟수가 중요한 것은 아닙니다. 어떤 엄마들은 젖 먹인 시간을 적어두고 시간에 맞춰 먹이기도 하는데 바람직하지 않습니다. 아기의 배꼽시계는 알람시계가 아니거든요. 먹고 싶어 하면 바로바로 먹여주세요.

5 누워만 지내는 아기라고 무시하면 안 됩니다. 끊임없는 자극이 필요해요. 아기가 울 때 민감하고 빠르게 반응해주고, 끊임없이 말을 걸어주세요. 많이 안아주고 정성껏 얼러주세요. 눈 맞춤과 피부 접촉이 이 시기 아기 두뇌 발달의 최고 양분입니다. 또한 이 시기에는 젖을 잘 빠는지와 더불어 키와 머리둘레, 근육 긴장도, 원시 반사 양상이 정상인지를 주의 깊게 살펴보아야 합니다.

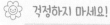 걱정하지 마세요!

아기는 책에 적힌 시간표대로 자라지 않습니다. 아기마다 고유의 발달 스케줄이 있고 2~3개월 정도 편차가 얼마든지 존재하지요. 일부 엄마들은 '표준 발달표'에 지나치게 연연하며 아이가 조금만 늦으면 큰일이라도 난 듯 조급해하는데, 평정심을 유지하세요. 단, 또래보다 발달이 6개월 이상 더디다 싶을 때는 전문의와 상담을 해보세요.

발달 특징:

외부 자극에 반응해요

1   초보 엄마에게 신생아 돌보기는 여간 어려운 일이 아닙니다. 안는 것, 목욕시
    키는 것 등 무엇 하나 쉽지 않지요. 아기가 너무나 작고 연약하다 보니 만지기
    조차 겁이 난다는 엄마도 많습니다. 하지만 생후 1개월이 지나면 아기 몸에 힘
    이 생겨 돌봄이 조금은 수월해집니다. 아기는 이제 반듯이 누운 상태에서 좌
    우로 고개를 돌릴 수 있고 엎어놓으면 고개를 들려고 힘을 줍니다. 노상 구부
    리고 있던 팔다리를 폈다 구부리기도 하고 손을 입으로 가져가 빨기도 합니
    다. 외모도 훨씬 예뻐지지요. 쭈글쭈글하던 얼굴은 어느덧 뽀얗게 피어납니
    다. 몸에도 포동포동 살이 올라 '아기' 하면 연상되는 보드랍고 토실토실한 체
    형이 갖춰지지요. 먹고 자는 간격에도 일정한 리듬이 붙기 시작합니다. 모유
    를 먹는 아기의 경우 대개 세 시간, 분유를 먹는 아기의 경우 네 시간 간격의 패
    턴을 갖게 되지요. 또 낮 동안 깨어 있는 시간이 길어지고 밤에 깨었다가도 다
    시 잘 수 있게 됩니다.

2   달라지는 것은 외모만이 아닙니다. 엄마 목소리 등 외부 자극에 반응을 보이
    기 시작하면서 좀 더 사람다워지지요. 재채기나 딸꾹질을 하기도 하고 제 방귀

에 놀라 울기도 합니다. 시각, 청각 등의 감각도 빠르게 발달하기 시작해서 움직이는 물체나 사람을 잠시 눈으로 좇을 수 있고 가까운 곳에서 장난감을 흔들어주면 고개를 돌려 쳐다봅니다. 정지된 사물보다 움직이는 물체에 더 관심을 보입니다. 혼자 미소 짓는 배냇짓을 하기도 하지요.

3   시각 피질을 담당하는 후두엽 발달 이 활발해지는 생후 6주 무렵부터 는 시각 자극을 제공해주면 좋습니 다. 아기 초점 책이나 모빌을 활용할 수 있겠지요. 밝은 색깔이 있는 물건 을 놓아두는 것도 좋은 방법입니다. 아기가 두리번거리듯 눈동자를 움 직일 때 얼굴의 30센티미터쯤 떨어 진 곳에서 의도적으로 눈을 맞춰주 세요. 상호작용의 기본은 눈 맞춤입  니다. 아기의 얼굴을 정면으로 바라보고 노래를 불러주거나 말을 걸어줍니다. 아기가 소리를 내면 화답하듯 교대로 소리를 내주세요.

4   여러 감촉의 이불에 아기를 눕혀 다양한 촉감을 느끼게 해줍니다. 얼굴을 부드럽게 간질이고 손가락, 발가락 수를 세고 배를 부드럽게 만져주는 것은 아기에게 기분 좋은 자극입니다. 목욕 후나 기저귀를 갈 때는 피부를 부드럽게 쓰다듬어주세요. 맨살이 닿는 접촉을 늘릴수록 정서 발달에 도움이 됩니다. 스킨십을 통해 정서가 안정되는 것은 물론 면역력도 높아집니다.

2~3개월

발달 특징 :

소리에 반응하기 시작해요

1 생후 2~3개월이 되면 아기 몸에 제법
힘이 생깁니다. 세워 안으면 고개를
잠시 세웠다 떨어뜨립니다. 아직 목
을 완벽히 가누진 못하지만 목에 힘
이 생겨 엎드린 상태에서 고개를 잠
깐 들어올리기도 하지요. 반사 행동
이 주를 이루던 데서 발전해 어느 정
도 의지가 실린 행동을 하게 됩니다.

2 이즈음 아기는 7~8센티미터 정도 떨어진 사물에 시선을 맞출 수 있고 물체를
잡으려 팔을 뻗어 휘젓기도 합니다. 손을 한참 들여다보거나 손가락과 주먹을
입에 넣고 빼는 모습을 자주 보이지요. 스스로 손을 쥐었다 펴기도 합니다. 이
때 손에 딸랑이를 쥐여주면 좋아합니다. 물론 이내 떨어뜨리지만요. 사람을
뚫어지게 바라보고 손발의 움직임도 활발해져서 흥분하면 팔다리를 크게 움
직이기도 합니다. 아기를 엎드려놓고 엄마 얼굴이나 장난감 등으로 고개를 들

게 하면 등 근육이 단련돼 힘이 좋아집니다. 장난감을 내밀어 손을 자주 움직이게 하는 것도 좋습니다. 손을 움직이는 것은 소근육과 두뇌 발달에 효과적입니다. 흑백 모빌, 선명한 원색이나 단순한 모양의 장난감, 거울, 방울, 천 조각 등을 보여주고 다양한 촉감에 노출시켜주세요. 보고 만지고 빨면서 얻어진 정보가 뇌로 보내지고 이를 처리하는 과정에서 두뇌는 점점 발달합니다.

3   생후 3개월 정도 되면 소리에 확실하게 반응합니다. 소리 나는 쪽을 바라보고 엄마 목소리에 고개를 돌리지요. 큰 소리가 나면 깜짝 놀라 울기도 합니다. 자기를 돌봐주는 사람을 알아보고, 발달이 빠른 아이는 엄마 얼굴을 보다가 방긋 웃고 엄마가 웃거나 얼러주면 마주 웃기도 합니다. 별 의미는 없지만 '아아', '우우' 등 모음 중심의 옹알이도 시작합니다. 처음에는 목에 뭐가 걸린 것처럼 작은 소리를 내다가 점점 복잡한 소리를 내게 되지요. 기분이 좋을 때는 고양이처럼 '고르르, 골 골' 하는 소리를 내기도 하지요.
아기가 옹알이를 하면 "그랬어?", "~라고 했어?" 하며 적극적으로 반응해주세요. 눈을 맞춰주고 함께 웃어주며 다양한 표정으로 반응해줍니다. 아기 옹알이에 명랑한 어조로 대화를 나누는 것처럼 말을 들려주면 언어 발달에 큰 도움이 됩니다.

 걱정하지 마세요!

이 시기의 아기는 자주 울음을 보일 수밖에 없어요. 그러니 울음에 당황하지 마세요. 아기는 즐거움과 불편함을 알고 다양한 울음으로 표현하는데, 욕구에 언제나 민감하게 또 신속하게 반응해주세요. 아기가 울면 얼른 안아서 달래주세요. 내가 뭔가 필요하면 누군가가 도와준다는 믿음과 확신을 심어주어야 합니다. 아이가 유난히 안아달라고 보챈다면 인정받고 싶고 사랑받고 싶은 욕구의 그릇이 큰 경우라고 볼 수 있어요. 엄마가 생각하는 아이(욕구의) 그릇과 실제로 가지고 있는 그릇의 크기가 다른 경우가 정말 많답니다. 애정 표현을 아끼지 마세요. 안아달라고 하면 아낌없이 안아주세요. 불안은 정서 발달의 큰 적이니까요.

0~5 개월

3~4개월

발달특징:

서서히 밤낮을 구분해요

1 아기는 대개 생후 3~6개월 사이에
   규칙적인 생활 리듬을 찾아갑니다.
   아직 들쭉날쭉하지만 낮에는 깨어
   있는 시간이 길어지고 밤에는 잠을
   푹 자기도 하는 등 하루의 생활 패턴
   이 잡혀가지요. 아기를 몹시 보채게
   했던 배앓이(영아 산통)도 대부분 없
   어져 바야흐로 부모들이 바라던 '백
   일의 기적'이 도래하는 때입니다. 물
론 기적이 거저 찾아오진 않습니다. 백일 무렵 "우리 아이에겐 기적이 없다"는
고민을 토로하지 않으려면 만 2개월쯤부터 밤과 낮을 서서히 인식시키는 연
습이 필요합니다. 낮에 산책을 하거나 활발히 놀게 해주고, 저녁 무렵 목욕을
시키거나 안고 재우면서 생활 리듬이 잡히도록 도와주세요.

2 이제 아기의 몸은 훨씬 짱짱해져 누운 자세에서 양손을 잡아 일으키면 머리가

따라 들리고 엎어놓으면 고개를 45도 각도까지도 쳐들 수 있습니다. 세워놓으면 다리에 힘을 주기도 합니다. 빠른 아이는 벌써 한쪽으로 구르는 경우도 있습니다. 목을 제대로 가누게 된 아기는 세워 안을 때 머리를 받쳐주지 않아도 스스로 고개를 들고 있습니다. 아기는 세워 안는 것을 좋아합니다. 시야가 넓어지고 보는 풍경이 달라지  니 아기가 힘들어하지 않으면 세워 안아 새로운 세상을 보여주세요.

3 아기의 감각이 발달하면서 대부분의 원시 반사가 사라집니다. 시력도 훨씬 향상돼 모양과 형태를 더 잘 분별할 수 있습니다. 사물의 움직임을 확실히 포착할 수 있지요. 또 아기 행동에 서서히 '의지'가 실리게 됩니다. 싫고 좋음이 분명해지지요. 이름을 부르면 소리 나는 쪽으로 고개를 돌리고, 우는 대신 칭얼거리는 등 의사 표시도 다양해집니다. 울음이 훨씬 줄어들고 자주 웃어서 점점 사랑스러워지지요. 엄마나 아빠가 배에 얼굴을 비비면 웃음으로 화답합니다. 이 시기에 **중요한 발달 지표는 낯가림**입니다. 친숙한 사람을 좋아하고 모르는 사람을 보면 울음을 터뜨리는 양상이 서서히 시작되지요.

4 생후 3개월 안팎이 되면 아기가 엄마의 미소에 화답하는 사회적 미소가 나타납니다. 즐거운 기분을 표현하는 배냇짓과는 차원이 다른 미소이지요. 엄마에게는 격한 감동을 안겨주는 순간입니다. 사회적 미소는 아기가 처음으로 보이는 구체적이고 사회적인 행동이자 양방향 의사소통의 첫 단추입니다. 다른 사람과 사회적인 교류를 할 수 있게 됐다는 증거이지요. 정서와 사회성, 표현력

이 본격적으로 자라난다는 신호이기도 합니다. 부모의 애정을 인식하게 된 것이지요. 아기가 웃을 때는 꼭 마주 웃어주세요. 언제나 미소 띤 얼굴로 대하고 부드러운 말과 포옹으로 애정을 전해주세요.

5 '아가' 등 간단한 자음과 모음을 조합한 소리를 내기도 합니다. 반복되는 이야기지만 옹알이에는 적극적으로 화답해주세요. 옹알이를 하면 "~했어?"라며 열심히 맞장구를 쳐줍니다. 엄마 품은 아기에게 최고의 안정감을 선사합니다. 아기를 안고 조용한 음악에 맞춰 몸을 다정하게 흔들어주어도 좋겠지요. 이 행동은 전정기관 발달에 도움이 된답니다.

목욕 후에는 간단한 마사지나 아기 체조로 정서적 유대를 나누어봅니다. 피부 세포는 뇌세포와 연결되어 있어 피부를 만져주고 쓰다듬어주면 감각을 발달시키고 운동신경도 좋아집니다. 정서 안정에도 그만이지요. 안아주고 토닥여주고 말을 걸며 아기의 행동과 표정에 적극적으로 반응할수록 변연계가 활발히 발달해 공감 능력이 높아집니다. 저는 이맘때 아이들을 키우며 함께 목욕을 자주 했어요. 맨몸으로 아이를 포옥 안아서 함께 욕조에 들어갔지요. 눈을 자주 맞추고 맨살의 접촉을 늘리는 것이 아이의 정서 안정과 발달에 큰 도움이 됩니다. 물을 무서워하는 아이도 엄마가 함께하면 훨씬 즐겁게 목욕할 수 있어요.

💕 확인해보세요!

목을 제대로 가누는지, 손으로 물건을 잡는지, 사회적 미소를 보이는지를 주의 깊게 살펴보세요. 이를 통해 운동성과 사회성의 발달 정도를 가늠할 수 있습니다. 물론 2~3개월 정도의 개인차는 있으니 좀 늦더라도 너무 염려 마세요. 백일 사진을 5~6개월 되어서 찍는 경우도 많답니다.

4~5개월

발달 특징 :

목을 완전히 가눠요

1　4개월이 되면 아기 몸무게는 태어날 때의 두 배가 되고 키는 10센티미터 이상 자랍니다. 인생에서 가장 큰 폭의 성장을 보이는 시기지요. 아기 몸무게와 키가 꾸준히 자라는지 잘 살펴보아야 합니다. 이 무렵 아기는 몸무게가 급격히 증가하지 않지만 대뇌와 신경, 운동 영역은 하루가 다르게 발달합니다. 목을 가누기 시작한

아기는 이제 새로운 차원의 발달기로 접어듭니다. 아기는 머리를 모든 방향으로 돌리며 잠깐 고개를 든 채로 유지할 수 있습니다. 누운 자세에서 팔을 잡고 일으킬 때 머리가 뒤로 처지는 정도도 훨씬 덜하지요.

2　엎드린 자세에서 손바닥으로 몸을 지탱해 가슴까지 들어 올리고, 눕혀놓으면 옆으로 몸을 돌렸다가 다시 제자리로 옵니다. 목을 완전히 가누고 나면 세워 안

기도 편해지고 양 겨드랑이를 잡고 들어도 제법 꼿꼿하게 버팁니다. 허리는 아직 좀 굽어 있는 상태이지만 옆에서 부축해주면 10분 정도 앉아 있을 수 있습니다. 손발의 움직임이 한층 활발해져서 누웠을 때 양손을 마주 대거나 발을 쭉 뻗기도 합니다. 거의 모든 아기가 뒤집기를 시도합니다. 발달이 빠른 아기들은 4개월에 뒤집기를 하기도 하지만, 대개 5~6개월에 뒤집는 경우가 많지요.

3   고개를 쳐들 수 있으니 눈에 더 많은 풍경을 담게 됩니다. 가까운 거리든 먼 거리 든 초점을 맞추어 응시할 수 있으며 색깔을 탐지합니다. 물체가 움직이는지, 가만히 있는지를 알 수 있습니다. 물체를 보고 손을 뻗어 잡는 협응이 시작됩니다. 뇌에서 여러 가지 감각을 동시에 처리하는 복잡한 작업이 시작됐다는 의미지요. 손

을 사용하는 기술도 점차 발달해 손가락으로 물건을 만지작거리며 물체를 탐색하게 됩니다. 양손으로 물건을 잡는 일도 수월해지지요. 이때는 뭐든지 입에 넣어 탐색하려 드는 게 특징입니다.

4   이 시기에 손발은 아기의 가장 좋은 장난감입니다. 주먹을 쳐다보며 놀고 양 손가락을 움직이며 좋아하지요. 손발을 입으로 가져가 빨기도 합니다. 장난감을 쥐여주면 양손으로 잡고 입으로 가져가기도 합니다. 잡고 있는 것을 뺏으려고 하면 힘을 주어 버팁니다. 소리 나는 장난감이나 알록달록 선명한 장난감을 제공해주세요. 물론 날카롭지 않고 부드러운 것들이 좋습니다.

5 **정서도 크게 발달합니다.** 사람 목소리와 사물 소리에 다르게 반응하고 감정 표현이 부쩍 늘어나지요. 엄마와 함께 있으면 행복해하고 기분이 좋으면 혼자서도 놉니다. 어른이 얼러주면 까르르 소리 내어 웃기도 하지요. 전에는 배가 고프거나 기저귀가 젖어서 울었다면 이제는 관심을 끌기 위해서도 울음을 사용합니다. 물론 바로 반응해줘야겠지요. 버릇될까 하는 걱정은 아직 접어두어도 좋습니다.

6 인지력도 크게 향상돼 젖병을 빨다가 한눈을 팔기도 합니다. 주변 세상에 관심이 커졌다는 반증이지요. '익숙한 것'과 '낯선 것'을 제법 분별하게 되는데 이는 아기가 한 인격체로 세상을 바라보는 기초가 됩니다. **엄마나 아빠, 다른 사람을 대하는 반응이 조금씩 달라지는** 시기이기도 합니다. 바깥 산책에도 큰 흥미를 느끼기 시작할 때니 많은 것을 보여주고 들려주세요. 불쑥 울음을 터뜨리거나 잠투정이 늘기도 하지만 밤에 푹 자면서 엄마가 조금 수월해집니다. 수면 리듬을 잘 잡아주어야 아기도 건강하게 자라고 엄마도 편합니다. 아기에게 일관적으로 대해주어야 어렴풋이나마 규칙을 깨달아갑니다. 또한 부모가 짓는 재미있는 표정, 흐뭇한 미소, 따뜻한 말이 모두 아이에게는 즐거운 놀이가 된답니다.

💕 **확인해보세요!**

육아에서는 아이의 리듬에 엄마가 맞추는 것이 가장 중요합니다. 아이 기질과 리듬을 잘 관찰해서 거기에 육아 패턴을 맞춰주세요. 예를 들어 잘 먹지 않는 아이라면 조급해하거나 좌절하지 말고 조금씩 자주 먹이면 됩니다. 바나나만 먹고 다른 과일은 거부한다면 바나나를 중심으로 주되 최대한 어울리는 맛으로 범위를 조금씩 넓혀보세요. 밤에 자주 깬다면 그때마다 얼른 다시 재워주어야겠지요. 머리를 쓰다듬어준다거나 꼭 안아준다거나 아이마다 가장 잘 통하는 방식이 있습니다. 그러다 보면 차츰 리듬이 잡혀갈 거예요. 버릇을 잡는다며 자다 깬 아이가 울다 제 풀에 지쳐 잠들도록 놔두는 경우도 있는데 이는 절대 금물입니다. 이런 일이 되풀이되면 후에 아이가 감정 표현을 점점 하지 않게 됩니다.

3세 이전에는 엄마가 옳다고 생각하는 방식을 아이에게 강요하지 마세요. 아이에게 스트레스가 될 뿐이니까요. 스트레스 호르몬은 뇌 발달을 저해시킨답니다. 물론 엄마가 아이에게 전적으로 맞춰주려면 몇 배의 노력이 필요하지요. 하지만 고된 육아 과정을 통해 엄마도 자기 성찰을 하게 되고 한층 성숙하는 계기가 됩니다. 저도 두 아이 중 한 명이 여러 가지로 까다로워 어려움이 많았지만 돌아보면 그 연단의 과정을 통해 좀 더 능숙한 엄마가 됐고 인격적으로도 크게 성장할 수 있었답니다. '인내는 쓰고, 열매는 달다'는 진리를 저 역시 아이를 키우는 엄마로서 함께 공유하고 싶습니다.

●0~5개월●

두뇌
쑥쑥
놀이

언어가 쑥쑥

끊임없이 말을 걸어요

놀이 방법

이맘때 아기는 청각 신경이 시각 신경보다 더 발달한 상태입니다. 젖을 먹일 때, 기저귀를 갈아줄 때, 재워줄 때 등 아기를 돌보는 모든 행동을 할 때 말을 함께 들려주세요. 아기는 눈앞의 물체와 소리를 연결 지어 뇌에 담게 됩니다. 언어 발달을 위한 기초도 차곡차곡 발달하게 되지요.

아기에게 우유를 먹일 때 젖병을 보여주며 "○○야, 이제 우유 먹자"라고 말해주고 다 먹고 나면 "배부르지, 기분 좋지"라고 말을 겁니다. 기저귀를 갈 때도 마찬가지로 말을 걸어줍니다. 아기를 돌보는 부모가 과묵해선 안 돼요. 기저귀를 갈 때는 기저귀를 보여주며 "기저귀 갈자"고 말을 겁니다. 갈아준 후에는 몸을 쓰다듬어주며 "기분 좋겠네" 등의 말을 들려줍니다.

놀이 효과

뇌에는 쾌감 중추라는 보상회로가 있는데, 부모의 칭찬이나 부드러운 손길은 이 회로를 자극해 아기가 쾌감을 느끼게 합니다. 이 시스템은 의욕을 일으키고 전두엽과 전전두엽을 자극하는 효과가 있습니다.

우유 먹자.

배불러요?

기저귀 갈자.

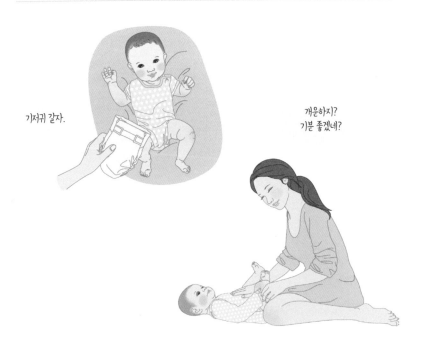

개운하지?
기분 좋겠네?

목에 힘이 생겨요

엎드려 얼굴 들기

놀이방법

너무 푹신하지 않은 바닥에서 손이 몸에 깔리지 않도록 주의하며 아기를 엎드리게 합니다. 손으로 아기의 등을 쓰다듬어주며 얼굴을 들도록 합니다. 앞쪽에 화려한 그림이나 거울을 두고 보여주는 것도 좋습니다. 고개를 들면 잘했다고 격려해주세요. 단, 엎드려놓았을 때 아기가 숨을 제대로 쉴 수 있는지 확실히 확인해야 합니다.

놀이효과

옛날 어른들은 엎드려 재우면 아기 두상이 예뻐진다고 했지요. 두상은 몰라도 아기에게 좋은 자극을 주는 것은 사실입니다. 엎드려 있는 것은 누워 있을 때 받지 못하는 새로운 자극을 주고, 목을 가누는 데도 도움이 됩니다. 하지만 엎드려 재우는 것은 질식의 위험이 있기 때문에 세심한 주의가 필요하겠지요.

잡았다 놓고, 쥐었다 펴고

놀이방법

모서리가 날카롭지 않은 막대나 부드러운 천 조각 등을 아기에게 쥐여줍니다. 아기가 손을 오므리지 않으면 부드럽게 감싸주세요. 아기가 주먹을 쥐면 다시 손을 펴도록 유도합니다. 이때 매끈매끈, 까칠까칠, 오톨도톨 등 다양한 촉감을 느낄 수 있도록 여러 물체를 활용하는 것이 좋습니다.

놀이효과

아기는 대부분 주먹을 꼭 쥐고 있습니다. 또 손을 펴고 있다가도 손바닥에 물건이 닿거나 엄마가 손바닥을 만지면 저절로 주먹을 꼭 쥡니다. 이를 '파악 반사'라고 하지요. 물건을 움켜잡는 반사 행동을 통해 뇌는 손을 다루는 데 익숙해집니다. 무언가를 잡았다 놓았다, 손을 쥐었다 폈다 하는 연습을 되풀이하면 손에 힘이 생기고 의지대로 주먹을 쥐었다 폈다 하는 데 도움이 됩니다.

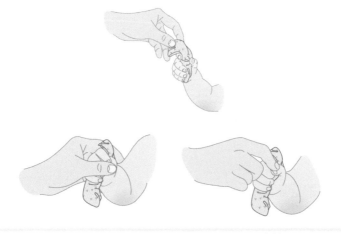

정서와 사회성이 자라요

눈 맞추고 얼러주기

놀이 방법

아기를 돌볼 때만큼은 얼마든지 수다쟁이가 되어도 좋습니다. 아기와 눈을 맞추고 다양한 표정을 보여주며 얼러주세요. 높고 밝은 톤의 목소리로 "그랬어?", "어루루 루, 까꿍!" 등 다양하게 어르며 아기와 즐겁게 놀아주세요.

놀이 효과

끊임없는 표정 자극, 놀이 자극은 아이의 정서와 사회성이 건강하게 발달하는 데 큰 도움이 됩니다.

뒤집기 놀이

놀이 방법

아기를 똑바로 누인 다음 머리를 살짝 옆으로 향하게 합니다. 엉덩이 부근을 가볍게 밀어 몸을 뒤집습니다. 엎드린 자세가 되면 뒤통수에서 등을 쓸어내려 얼굴을 들게 합니다. 이때 두 손이 몸 아래에서 꼬이지 않도록 해주세요. 단, 아기 상태와 기분을 살피는 걸 잊지 마세요.

놀이 효과

뒤집기 운동은 운동 발달과 시각 발달에 좋은 자극을 줍니다.

이럴 땐 이렇게 하세요

상황별 육아 Q&A

Q. 자꾸 안아주면 손 탈까 걱정돼요.

A. 저는 부모들에게 '얼마든지' 아기를 안아주라고 권합니다. 안아주는 것은 아이의 정서 안정과 발달에 큰 도움이 되니까요. 아이가 혼자 돌아다니기 전, 적어도 9~10개월까지는 버릇 걱정은 접어두고 충분히 안아주세요. 특히 아이가 칭얼거리거나 보채면 반드시 품에 안아 달래주는 것이 좋습니다. 간혹 독립성을 키운다며 보채는 아기를 내버려두는 경우도 있는데 정서에 정말 좋지 않은 영향을 미칩니다. '품 안의 시기'는 생각보다 길지 않아요. 기고 걷기 시작해서 아이가 기동성을 얻게 되면 안아주고 싶어도 아이가 거부한답니다.

Q. 잠투정이 너무 심해요.

A. 옛날 할머니들은 아기가 잠투정을 하면 "누가 노적가리(재산) 가져갈까 봐 저런다"고 하셨지요. 어느 정도는 맞는 이야기입니다. 기질이 예민하고 불안한 성향일수록 잠투정이 심하거든요. 아기는 잠들 무렵 엄마와 분리되는 데 본능적인 두려움을 느낍니다. 잠투정을 하면 포옥 안아서 잠들 때까지 충분히 토닥이며 달래주세요. 아이가 잠을 잘 안 자면 엄마도 짜증이 나고 힘이 들지요. 육아에 너무 힘이 들어 아이가 미워지는 순간이 바로 부모, 특히 엄마들에게 주어지는 '시험'입니다. 반드시 이겨내야 할 연단이라고 할까요. 엄마의 스트레스는 아무리 감추려 해도 표정과 말투, 그 밖의 온갖 비언어적 메시지를 통해 아이에게 전해집니다. 양육의 질이 곤두박질치게 되지요. 아이는 엄마의 부정적인 메시지를 흡수하고 위축됩니다. 육아 스트레스를 스스로 잘 다스리는 것이야말로 아이를 잘 키우기 위해 주어진 지상 과제입니다.

Q. 산후 우울증이 온 것 같아요.

A. 의외로 많은 엄마들이 아기를 낳은 후 우울감을 겪습니다. 적게는 30~75퍼센트의 산모가 우울감을 겪는 것으로 보고됩니다. 왠지 우울하고 불안하며 눈물이 쏟아질 것 같은 심정이 되지요. 기억력도 떨어져 "아이 낳고 바보가 된 것 같아요"라고 호소하는 산모들이 정말 많습니다. 출산 후의 급격한 호르몬 변화, 출산 관련 스트레스, 양육에 대한 부담감이 주원인입니다. 대부분은 며칠에서 몇 주가 지나면 특별한 치료 없이도 호전되는 경우가 많지요.

산후 우울감에는 노련하고 경험 많은 육아 멘토가 큰 도움이 됩니다. 친정어머니나 자매, 시어머니 등 다양한 인적자원을 활용해보세요. 남편에게도 적극적인 도움을 청하고, 동병상련을 느낄 수 있는 또래 엄마들과의 교류도 적극 추천합니다. 아이 키우는 일이 나에게만 힘들고 어려운 게 아니라는 사실에 마음의 안정을 얻을 수 있지요. 더불어 산모 본인의 몸을 돌보는 데도 지원과 투자를 아끼지 말아야 합니다. 그래야 아이를 잘 돌볼 수 있어요.

그런데 이 우울감의 강도가 심하고 또 점점 깊어진다면 산후 우울증을 의심해 보아야 합니다. 산모 중 약 10~15퍼센트가 산후 우울증에 시달립니다. 산후 우울증은 소위 산욕기라 불리는 출산 후 4~6주 사이에 시작됩니다. 심한 우울감과 불안감을 느끼고 불면에 시달리기도 하지요. 매사에 의욕이 없고 집중력과 자신감이 극도로 떨어지면서 일상생활을 제대로 할 수 없게 됩니다. 제대로 치료하지 않을 경우 몇 달, 길게는 몇 년 동안 산후 우울증이 지속될 수 있습니다. 특히 과거에 우울증과 같은 기분 관련 장애를 겪은 경험이 있다면 산후 우울증에 걸릴 가능성이 더 높습니다. 산후 우울증이다 싶으면 주저하지 말고 전문가의 도움을 구하길 권합니다.

Q. 아기 울음소리만 들으면 머리가 하얘져요.

A. 아기의 울음은 말 대신 감정을 표현하는 가장 중요한 방식이에요. 매번 이유를 정확히 파악하려 애쓰기보다 '아이가 나를 부르고 있구나'라고 받아들이는 여유가 필요

합니다. 울음을 멈추게 하려는 압박감에서 벗어나세요. 부모의 따뜻한 눈빛과 안정된 목소리만으로도 아이의 뇌는 큰 자극을 받습니다. '잘하고 있는지'보다 '함께 있어주는지'를 기억해주세요.

스스로 움직이며 탐험을 시작해요

5~6개월

발달 특징 :

조금씩 힘을 쓸 수 있어요

1 이 시기의 아기는 눈앞에서 물체가 없어
지면 사라진 곳을 쳐다봅니다. 자기 몸무
게도 어느 정도 감당할 수 있게 돼 스스로
앉지는 못해도 다른 사람이 앉혀주면 잠
시 앉아 있지요. 뒤집었다 다시 뒤집기도
시도합니다. 또 엎드려놓고 앞에 장난감
을 놓으면 팔에 힘을 주고 잡으려 하지요.
손이 닿는 곳에 장난감을 달아주면 잡거
나 만질 수도 있습니다.

다리 힘도 좋아져서 손을 잡고 세워두면 발을 달싹달싹 움직입니다. 겨드랑이
에 손을 넣어 깡충깡충 점프를 시켜주면 몹시 좋아하지요. 이 놀이는 다리 힘
을 기르는 데 도움이 됩니다. 아기를 안고 하늘로 높이 들어 올려주거나 아주
부드럽게 흔들어주어도 좋습니다. 18개월 이전에 전정기관을 충분히 자극하
면 균형 있는 신체 발달에 도움이 됩니다. 물론 아이 머리가 흔들릴 정도로 흔
드는 일은 금물이지만요.

2   슬슬 젖니도 나기 시작할 때지요. 처음 이가 나올 때 미열이 나거나 잇몸이 간질거려 보채는 경우도 있습니다. 이럴 때는 치아 발육기가 도움이 됩니다. 아기가 보채면 찬물로 잇몸 마사지를 해주는 것도 좋습니다. 6개월쯤 되면 엄마 뱃속에서 얻어 나온 면역력이 떨어지게 됩니다. 그러니 사람이 많은 곳으로 외출하는 것은 가급적 피하는 게 좋겠지요. 생후 6개월부터 이가 나기 시작하는데 보통 아래 앞니가 먼저 나고 위의 앞니가 나옵니다. 12개월쯤 아래위 각각 4개의 이빨이 돋아나는 게 보통입니다. 물론 여기에도 개인차가 있어서 늦게는 12개월 무렵 처음으로 이가 나기 시작하는 아기도 있고, 순서가 다르게 나기도 합니다. 뭐든지 입으로 들어가는 시기이니 물고 빨아도 안전한 장난감을 골라주세요. 삼킬 위험이 있는 작은 장난감은 절대 금물입니다. 거울을 보여주는 놀이도 아기의 흥미를 끌 수 있습니다.

3   아기는 "아우", "오이" 등 다양한 모음 소리를 내고 이름을 부르면 쳐다보거나 소리를 내며 반응합니다. 부모나 친숙한 사람을 보면 즐거워하고 거울을 보고 웃기도 하지요. 웃는 얼굴, 무서운 얼굴, 화난 목소리를 제법 구분합니다.

 걱정하지 마세요!

육아서, 심지어 의학 교과서에 나와 있는 '정상 발달 지표'는 그야말로 가이드라인에 불과합니다. 정상 발달 범주에서도 아기에 따라 개인차가 정말 크거든요. 몇 개월에 해야 할 일을 못한다고 걱정하거나 조급해하지 마세요. 자녀 양육에서 조급한 걱정은 없던 문제도 일으키는 원인이 된답니다.

6~7개월

발달 특징:

신기한 것이 너무 많아요

1   6개월 즈음이면 뇌의 편도핵이 발달하여
공포를 느끼는 시스템이 만들어집니다.
본격적으로 낯가림을 시작하게 되지요.
낯선 사람을 보면 눈에 띄게 싫어합니다.
또 부모의 목소리를 듣고 언어 능력의 기
초가 되는 모음의 소리를 인식하기 시작
합니다. 혼자 놀 때도 계속 중얼거리지요.
"다다다", "드드드" 같은 자음과 모음이 조
합된 소리를 연달아 내고 7개월쯤 되면 '마, 부, 다' 등 자음과 모음을 조합한
소리를 분명하게 발음합니다. 단숨에 여러 음을 내거나 각기 다른 음색과 억
양도 알아듣기 시작하지요. 아이가 옹알이를 할 때는 언제나 적극적으로 격려
해주세요. 다소 과장된 어조의 높은 톤으로 천천히 말해주는 것이 도움이 됩
니다.

2   운동성도 날로 발달하지요. 한쪽 방향으로 데굴데굴 구를 수 있고 누운 자세

나 엎드린 자세에서 자유롭게 다시 뒤집기를 해냅니다. 그러다 얼마 지나지 않아 배밀이를 시도하게 되지요. 엎드린 상태에서 손이나 발로 바닥을 밀며 움직이는데 처음에는 뒤로만 가기도 하지만 곧 전진을 익히게 됩니다. 기는 동작을 통해 대근육이 단련되고 방향감각 및 시야 확보, 두뇌 발달이 활발히 진행됩니다. 또 향후 운동 기능 발달에도 대단히 중요한 영향을 미칩니다. 그러므로 아기가 자유롭게 기어다닐 수 있도록 안전한 환경을 만들어주세요.

이제 앉혀주면 혼자서 잠깐은 버틸 수 있고 팔을 잡아 일으키면 다리에 힘을 주어 서기도 하지요. 까꿍 놀이를 즐겨 하고 기쁘면 까르르르 웃어 부모를 기쁘게 해주지요. 반대로 마음에 들지 않으면 거부 의사를 표시합니다. 소리가 나는 방향도 정확하게 인지하지요.

3   손놀림도 한층 정교해져 물건을 손가락으로 만지작거리는 데에서 한걸음 나아가 손가락이나 손바닥으로 사물을 잡을 수 있습니다. 딸랑이를 쥐여주면 흔들 줄도 알고 장난감을 한번 쥐면 좀처럼 놓지 않지요. 손가락 운동은 두뇌 발달과 직결되는 만큼 손가락을 많이 움직일 수 있도록 해주는 게 좋습니다. 쥠쥠, 곤지곤지, 짝짜꿍, 코코코 같은 전통 놀이가 아주 제격이지요. 손을 끼워 움직일 수 있는 손 인형으로 다양한 말놀이를 곁들여 놀아주는 것도 큰 도움이 됩니다.

4   6개월쯤 되면 아기는 눈의 초점을 제법 완전하게 맞추기 시작합니다. 또 손과 눈의 협응력이 발달하면서 손으로 만지고 확인하는 탐색이 활발해지지요. 자신에 대한 인식도 생기고 원인과 결과를 조금씩 인지해갑니다. 예를 들어 장난감을 던지면 떨어지며 쾅 소리가 나는 것을 알고 재미있어하지요.

확인해보세요!

6~7개월이 지났는데도 낯익은 사람을 보고 웃지 않거나 낯선 사람을 보고 무서워하지 않는다면 조심스럽지만 사회성이 결핍되어 있을 가능성이 있습니다. 사회성 발달에 어려움이 있을 수 있다는 뜻이지요. 만일 아이가 얼러주는 자극에 별 반응을 하지 않거나 낯선 사람을 봐도 무덤덤하다면 더더욱 눈을 맞추고 다양한 표정으로 집중적인 놀이 자극을 주어야 합니다. 엄마와 일대일 관계가 잘 구축되면 사람에 대한 관심과 타인에 대한 분별 능력을 키우는 데 도움이 됩니다.

7~8개월

발달 특징 :

낯가림이 심해져요

1   아기가 7개월쯤 되면 목을 제대로 가눕니
다. 엎어놓으면 머리를 직각으로 쳐들고
몸을 조금씩 움직일 수도 있지요. 엎어두
면 혼자 일어나 앉을 수도 있고 스스로 중
심을 잡고 앉습니다. 8개월쯤 되면 본격적
으로 기는 법을 배우지요. 다리에 힘이 생
겨 겨드랑이를 안고 세우면 경중경중 뛰
기도 합니다. 손놀림도 하루가 다르게 정

교해집니다. 손가락 끝으로 물건을 잡고 한 손으로 물건을 쥐었다가 다른 손
으로 옮길 수 있지요. 장난감을 야무지게 쥐고 흔들 수도 있습니다. 이유식도
서서히 시작해보세요. 손가락으로 집어 먹을 수 있는 부드러운 음식을 주어
스스로 먹는 기쁨을 느끼게 해주면 좋습니다.

2   감정 표현도 날로 풍부해집니다. 싫고, 좋고, 기쁘고, 화가 나고, 두렵고, 졸린
표정이 다채롭게 나타나지요. 뜻대로 되지 않으면 몸을 뻗대며 울거나 짜증도

냅니다. 그뿐만 아니라 타인의 표정 변화도 읽을 수 있습니다. 7~8개월쯤 되면 대개 낯가림이 더 심해집니다. 친밀한 사람과 낯선 사람을 구별할 능력이 커지는 것이지요. 이는 타인과의 관계를 인식하는 증거이자 엄마와 애착 관계가 제대로 형성되고 있다는 증거이기도 합니다. 같은 맥락에서 분리 불안도 심해지는 때입니다.

특히 엄마(주 양육자)와 한시도 떨어지지 않으려는 불안이 강해집니다. 이 시기에 원하는 만큼 사랑과 관심을 받지 못하면 분리 불안이 굉장히 오래갑니다. 이불이나 인형 등 엄마를 대신하는 물건에 심한 집착을 보이기도 하지요. 아기가 포근한 이불을 자꾸 찾는다면 사랑이 더 필요하다는 신호라고 생각해주세요.
사회성은 부모와의 관계가 시작점입니다. 부모가 든든한 안식처로 마음에 자리 잡은 아이는 타인과의 관계에 두려움이 없습니다. 엄마에 대한 신뢰가 깊은 아이는 낯선 것을 대할 때 두려움보다 호기심을 발휘하게 됩니다. 사회성에도 경험이 중요합니다. 친절한 사람들을 주로 만나고 즐거운 경험을 거듭하다 보면 수줍음이 점차 줄어듭니다. 불안이 없어야 세상을 향해 관심을 갖게 돼요.
이맘때 원하는 것을 얻지 못할 때 바닥에 머리를 박는 아이들도 있지요. 이런 행동으로는 원하는 것을 얻지 못한다는 사실을 인식할 수 있도록 해주어야 합니다. 아이의 관심을 다른 곳으로 돌리거나 안아서 그 장소를 떠나는 것도 좋습니다.

8~9개월

발달 특징 :

탐색 활동이 활발해요

1 운동 능력이 제법 발달한 아기는 이제 잠시도 가만히 있지 않습니다. 행동 범위가 대폭 확장되지요. 아기는 손과 무릎을 이용해 집 안 곳곳을 자유롭게 기어다니고 가구를 붙잡고 혼자 일어서기도 합니다. 혼자 앉기는 일도 아니지요. 손으로 잡고 일으켜주면 제법 짱짱히 선 자세를 잡고 발을 떼려 하기도 합니다. 9개월이 지나면 기는 속도가 상당히 빨라집니다.

이때 아기에게 세상은 '호기심 천국'입니다. 눈에 보이는 것은 무엇이든 만져보고 확인하는 탐색이 활발해집니다. 제법 빠른 속도로 멀리까지 기어가 장난감을 집기도 하고, 높은 곳의 물건을 끄집어 내리기도 합니다. 실내 안전사고가 일어나기 쉬운 때인데 아기의 움직임을 제지하기보다 마음껏 탐색 활동을 할 수 있도록 안전한 환경을 마련해주는 게 좋습니다.

2   아기는 이제 혼자 앉아 곧잘 놀고 양손을
    사용할 수 있게 됩니다. 한 손에 있던 장난
    감을 다른 손으로 옮길 수 있고 엄지와 검
    지로 바닥에 떨어진 작은 물건을 집어내
    지요. 또 장난감을 잡으려고 할 때 장애물
    이 있으면 먼저 치울 줄 알게 됩니다. 이전
    에 봤던 것을 알아보고, 두세 개의 물체를
    변별할 수 있지요.

특히 물건을 잡았다가 떨어뜨리는 등 탐색 활동이 아주 활발해지지요. 재미있
으면 그 놀이를 여러 번 반복합니다. 요맘때 아기는 반복적인 행동을 통해 즐
거움을 추구하는 게 특징이거든요. 운동 기능이 발달하면서 손이나 숟가락,
컵 등으로 식탁을 내리치며 열광합니다. 또 어떤 행동에 칭찬을 받거나 만족
스러운 반응이 나오면 그 행동을 계속 되풀이하며 상대의 반응을 즐기기도 하
지요. 다른 사람의 행동도 곧잘 따라 합니다. 쬠쬠, 도리도리, 곤지곤지 같은 손
놀이는 두뇌와 협응력을 발달시키는 아주 좋은 활동입니다.

3   아기는 이제 우유병을 쥐고 혼자 먹을 수 있고 물도 컵으로 마실 수 있습니다.
    숟가락을 사용해 혼자 먹을 수 있도록 격려해주세요. 단, 아이가 싫어한다면
    억지로 시키지는 마세요. 거듭 강조하지만 아이마다 발달 시기가 다 다릅니
    다. 동네 혹은 문화 센터에서 본 아기가 아닌 우리 아기에게 맞춘 육아 스케줄
    이 필요해요.

4   말귀도 상당히 트여갑니다. '바바', '다다' 등의 음절을 정확하게 발음하고 "안
    돼"라는 금지어나 "기다려"라는 지시어를 알아듣고 행동을 멈추는 등 일상에
    서 쓰이는 간단한 표현들을 제법 이해하지요. "○○아~" 하고 부르면 돌아보

고, 엄마가 팔을 벌리면 와서 안기기도 합니다. "나갈까?" 물으면 현관 쪽을 쳐다보거나 엄마가 입는 외투를 가지고 오는 아기도 있지요. 발달이 빠른 아기는 "엄마", "맘마", "아빠" 같은 외마디 말소리를 내기도 하고 자기만의 소리로 말을 걸기도 합니다.

5   좋아하는 것, 싫어하는 것이 분명해지고 떼도 많이 씁니다. 자기주장이 생기고 관심을 끌려는 모습도 보입니다. 뜻대로 되지 않으면 울며 넘어가기도 하고 옷자락을 잡아당겨 주의를 끌기도 하지요. 이럴 때는 아이에게 부드러운 말로 상황을 설명해주세요. 아직까지는 아이에게 본인이 이 세상의 중심입니다. 이를 '자기애적 심리 상태'라고 하는데 충분히 충족을 시켜주어야 해요. 위험한 상황이 아니라면 아이의 욕구를 수용해주세요. 예의범절이나 위생 교육, 태도 훈육은 24개월 이후로 미뤄두어도 좋습니다.

5~9개월

두뇌
쑥쑥
놀이

엄마 없다 까꿍 놀이

놀이 방법

아기가 엄마를 볼 때 얼굴을 가리며 "엄마 없다"고 말해줍니다. 잠시 후 "까꿍!" 하면서 얼굴을 보여주며 웃어줍니다. 아이가 까꿍 놀이에 열광할 때 많이 놀아주세요. 돌이 지나고 18개월 즈음이 되면 까꿍 놀이 같은 것은 시시해하거든요.

놀이 효과

이 시기의 아이는 눈앞에 있던 물체를 손으로 가리면 그 물체가 사라졌다고 생각합니다. 찾을 생각을 하지 않고 어리둥절한 표정으로 긴장을 하지요. 그랬다가 다시 나타나면 신기하니 까르르 웃어 넘어갑니다. 까꿍 놀이는 전전두엽을 자극해 이른바 작업 기억력을 키워주는 효과가 있습니다.

내 몸을 내 마음대로

기저귀 체조

놀이 방법

기저귀를 갈기 전 "기저귀 체조를 할 거야"라고 말해주세요. 기저귀를 뺄 때 "하나"
하고 말하며 아기 몸을 살짝 만집니다. "둘" 하며 발바닥을 밀어 아기의 다리 한쪽을
구부려줍니다. 자전거를 타는 것처럼 양다리를 번갈아 구부립니다. 아기가 스스로
다리를 구부렸다 펴면 칭찬해주고 좌우를 같은 횟수로 연습합니다. 아기는 차츰 소
리만으로 다리를 구부렸다 폈다 할 수 있습니다.

놀이 효과

아기가 스스로 움직이면 꼭 칭찬해주세요. 이 놀이는 성장을 촉진하고 스스로 몸을
다루는 능력도 발달시킵니다.

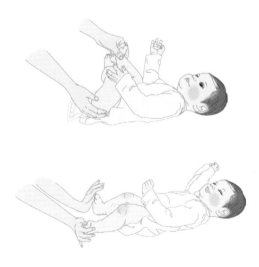

신나는 이불 그네

놀이 방법

아기를 이불 위에 눕힌 후 두 사람이 담요 양 끝을 잡고 들어 올립니다. 아기와 눈을
맞추며 이불을 가볍게 흔들어줍니다. 익숙해지면 흔드는 폭을 서서히 크게 합니다.
이때, 표정을 꼭 살펴보세요. 아기가 즐거워하지 않는다면 놀이를 중단해야 합니다.

놀이 효과

아기들이 좋아하는 이불 그네 놀이는 전정기관을 자극하고 좌우 회전 자극을 주기
에 적합합니다.

스스로 조절해요

빨대로 마시기

놀이방법

아기가 컵으로 물을 마시기 전에 빨대를 쓸 수 있도록 입속에 넣어주세요. 물론 위험하지 않은 아기 전용 빨대를 주어야겠지요.

놀이효과

아기는 입술에 닿는 것은 뭐든지 빨려고 하지요. 이 빨기 반사로 인해 아기는 태어나자마자 엄마의 젖을 빨 수 있습니다. 빨기 반사는 돌 무렵에는 거의 사라지지요. 반사 행위가 아닌 스스로 빨 수 있도록 하려면 빨대를 이용해보세요. 별것 아닌 듯하지만 빨대를 사용하는 것은 스스로 먹는 양과 빠는 힘을 조절해야 하는 고난도의 기술이랍니다.

하나둘셋콩알집기

놀이 방법

아기가 공을 꼭 쥐고 엄지손가락과 다른 손가락을 붙이게 되면 두 손가락으로 콩알
처럼 작은 물건을 집도록 도와주세요. 부모가 시범을 보이고 아기가 따라 해보도록
격려합니다. 처음에는 집을 손가락을 알려주는 것도 좋겠지요.

놀이 효과

어느 손가락을 구부려 물건을 집을지 결정하는 일련의 과정은 전전두엽을 자극합
니다. 익숙해지면 손가락 세 개를 사용하도록 합니다. 집기 놀이는 협응력을 높이고
훗날 숟가락질을 익히는 데도 큰 도움이 됩니다.

이럴 땐 이렇게 하세요

상황별 육아 Q&A

Q. 낯가림이 너무 심해요.

A. 아이가 낯선 것에 두려움을 갖는 것은 인지상정입니다. 낯가림은 엄마와 애착이 돈독해졌다는 증거이기도 하지요. 그런데 아이의 불안이 유독 심하다면 느긋이 기다려주어야 해요. 겪어봐야 한다며 준비가 안 된 아이를 낯선 사람이나 환경에 막무가내로 노출시키면 불안만 커집니다. 아이가 무서워하는 사람이나 상황에 대해 미리 충분히 설명해주세요. 그리고 만남이나 상황이 종료된 후에는 "별일 아니지?", "아무 일 안 생기지?"라며 다시 한번 안심을 시켜주세요. 그러면서 다양한 사람과 즐겁게 만나는 기회를 만들어주면 좋겠지요. 더불어 불안이 높은 아이가 엄마라는 '안전기지'에 확신을 갖도록 더 많은 사랑을 주어야 합니다.

반대로 낯가림이 너무 없다면 사회성 발달에 문제가 있지는 않은지 조심스럽게 살펴야 합니다. 일대일 관계에서 엄마와 친밀도를 많이 높이는 것이 타인에 대한 관심과 분별력을 키우는 열쇠입니다. 보통 사회성이 결핍되면 엄마에게도 데면데면하고 놀이에도 호응이 적은 경우가 많은데, 그런 경우 엄마가 의욕이 떨어져 아이와 함께 놀아주는 일을 등한시할 수 있습니다. 그럴수록 아이와 한 번이라도 눈을 더 맞추고 신나게 놀면서 상호작용의 즐거움을 느끼도록 노력해주세요. 아이가 엄마와의 놀이에 호응이 적고 낯가림도 하지 않는다면 과장된 표정으로 다양한 자극을 제공하며 적극적인 상호작용을 해주는 것이 중요합니다.

Q. 책은 언제부터 보여줄까요?

A. 돌 이전에 굳이 책을 보여주고 싶다면 소리 나는 입체 그림책 같은 감각 놀이에 도움

이 되는 책을 추천합니다. 하지만 굳이 그래야 할까요? 값비싼 놀이 책이 아니더라도 재미있게 탐색할 수 있는 놀잇감이 무궁무진한데요. 특히 받아들일 준비가 안 된 아이를 앉혀놓고 책을 줄줄 읽어주는 것은 정서 안정에 조금도 도움이 되지 않습니다. 불안이 커지면 언어와 인지가 발달할 시기에 불안에 에너지를 쓰느라 발달이 느려질 수 있어요. 저는 말 못하는 아이를 앉혀놓고 책을 읽어줄 시간에 아이를 품에 안고 눈을 맞추고 쪽쪽 빨며 부비부비 해주기를 권합니다. 이 시기에 받는 원초적인 돌봄은 훗날의 인지 발달을 위한 기초 공사랍니다. 글씨가 있는 책은 아이가 글자를 인지하고 관심을 보이기 시작한 후 보여주어도 충분합니다.

Q. 7개월 된 아기가 소리에 너무 예민해요.

A. 귀에 특별한 센서를 달고 태어난 것 같은 아기들이 있지요. 곤히 자다가도 바스락 소리만 들리면 깨어나 울음을 터뜨리고, 화장실 물 내리는 소리나 헤어드라이어 소리에 기겁을 하며 자지러지기도 합니다. 예민한 아기를 키우는 집은 육아 스트레스가 사실 몇 배에 이릅니다. 하지만 잊지 마세요. 예민한 아이일수록 더 넉넉한 품과 세심한 배려가 필요합니다. 예민한 기질을 완화해주고 싶다면 놀이를 통한 다양한 감각 경험을 추천합니다.

특히 자연에서 보내는 시간이 도움이 됩니다. 숲속을 걸으며 부모의 목소리를 들려주고 다양한 소리와 냄새, 감촉을 느끼게 해주세요. 또 아이가 최대한 익숙한 환경에서 안정감을 느낄 수 있도록 배려하고, 급격한 환경 변화는 피하는 것이 좋습니다. 다른 사람과의 교류는 '홈그라운드'에서 시작하는 것이 좋습니다. 그래야 긴장하지 않고 비교적 편안하게 낯선 것을 받아들일 수 있습니다.

Q. 이유식을 시작하면서 잘 먹던 아기가 갑자기 거부해요.

A. 이유식 거부는 입맛의 문제라기보다 감각 통합 과정에서 나타나는 흔한 반응이에요. 다양한 식감을 겪으며 뇌가 새로운 자극에 적응하는 중이라고 보면 됩니다. 억지

로 먹이려 하지 말고, 식탁에 앉는 것 자체를 즐거운 경험으로 만들어주세요. '잘 먹는 것'보다 '먹는 시간을 즐기는 것'이 더 중요해요. 아이의 리듬을 존중하면서도 기회를 자주 주면 다시 관심을 가질 수 있어요.

Q. 6개월에 접어들면서 지나치게 손이나 물건을 입에 넣으려고 하는데 괜찮을까요?

A. 이 시기의 아이는 입으로 세상을 탐색합니다. 입은 태어나서부터 가장 먼저 발달하는 감각기관이기 때문에, 손과 물건을 입에 넣는 것은 뇌가 정보를 정리하고 통합하는 자연스러운 과정이에요. 너무 말리기보다는 안전한 물건과 청결한 환경을 제공해주세요. '이 시기에 입으로 탐색한 경험이 이후 손 조작 능력과 인지 발달로 이어진다'는 사실을 기억하면 불안이 줄어들 거예요.

9~12개월

재미있는 게
너무
많아요

9~10개월

발달 특징 :

분리 불안이 시작돼요

1   9개월이 지나면 아기의 기는 속도가 상당
히 빨라지고 10개월쯤 되면 움직임이 훨
씬 노련해집니다. 몸을 바닥에서 떼고 팔
다리로만 기어다닐 수 있고 뭔가를 붙잡고
척척 일어서거나 가구에 의지해 걸음을 떼
기도 하지요. 손을 잡아주면 10초 이상 설
수도 있고 책상이나 의자 같은 곳에 올라
가기를 즐깁니다.

2   손가락 사용도 한결 자유로워져서 짝짜꿍 같은 손 유희도 곧잘 흉내 내고 종
이를 구기거나 찢을 수도 있습니다. 책장도 뭉텅이로 넘길 수 있지요. 책을 재
미있는 놀잇감으로 여기도록 해주세요. 이때 얇은 책장은 손을 다치게 할 위
험이 있으니 책장이 두꺼운 보드북을 제공해주는 것이 좋습니다. 싱크대에서
온갖 집기를 꺼내는 것도 아기에게는 큰 즐거움이지요. 아기의 다양한 저지레
를 말리지 말고 격려해주세요. 정교한 장난감은 손가락 근육의 발달을 촉진하

는 좋은 놀거리입니다. 큰 블록 쌓기, 모양 퍼즐 맞추기 등의 놀이가 소근육 발달에 도움이 됩니다.

3   언어 역시 발달하여 엄마, 아빠, 어부바 등의 단어를 말할 수 있습니다. 혹시 말이 조금 늦다면 여러 사람의 목소리를 많이 들려주는 것도 언어 발달에 도움이 됩니다. 억지로 단어를 따라 하게 하기보다 놀이를 통해 다양한 상황에 노출시켜주세요.

주의력, 기억력도 크게 발달해 눈앞의 장난감을 이불 밑에 숨기면 이불을 젖히고 장난감을 찾아냅니다. 하지만 아직 영속성을 이해하지 못합니다. 눈앞에서 물체가 사라지면 불안해하지요. 영속성 개념이 완전히 발달하지 않아 까꿍 놀이도 아직은 아이에게 열광적인 반응을 이끌어냅니다.

4   본격적인 엄마 껌딱지가 되는 것도 이때부터입니다. 8개월 무렵 서서히 분리 불안이 시작되고 점점 애착을 형성한 인물에게 집착하게 되거든요. 엄마 뒤만 졸졸 쫓아다니고 안 보이면 크게 울며 찾습니다. 심지어 엄마가 화장실 가기도 힘들어집니다. 분리 불안을 최소화하려면 헤어질 때 꼭 인사를 하고 언제 돌아올지 알려주세요. 아기에게 "조금만 기다려" 등의 말로 미리 엄마의 부재를 알려주고 돌아온 후에는 "엄마 다시 왔지?"라고 말해 안심시켜주세요. 조만간 아기는 엄마가 잠깐 보이지 않아도 반드시 돌아온다는 사실을 이해하게 됩니다. 또 인사를 할 때는 밝고 경쾌한 태도가 중요합니다. 아이는 감각적으로 엄마의 기분을 알아차리거든요. 엄마가 우울해하면 아이는 그 감정을 고스란

히 모델링하게 됩니다.

유난한 엄마 껌딱지, 분리 불안일까요?

18개월 이전에는 자기를 보살펴주는 주 양육자의 이미지가 영구적으로 맺혀 있지 않습니다. 그래서 아이는 제 눈에 보이지 않으면 그 사람이 사라진 것으로 생각하지요. 자기를 먹여주고 재워주며 보살펴주는 생명줄과 같은 대상이 눈에 안 보이니 얼마나 불안하고 두려울까요. 그래서 이 시기 아기는 엄마(주 양육자)와 한시도 떨어지지 못합니다. 잠시만 안 보여도 울며불며 난리가 나고 심지어 화장실에도 따라다닐 정도이지요. 이 시기의 아기가 엄마에게서 떨어지지 않으려 하는 것은 발달상 자연스러운 모습입니다.

그러다 만 3세가 되었을 때 두뇌 발달로 말미암아 비로소 대상에 대한 이미지가 영구적으로 맺히게 돼 엄마가 외출을 해도 웃으면서 인사하는 시기가 옵니다. 엄마가 잠시 안 보일 뿐, 사라진 것이 아님을 인식한 것이지요. 이 시기면 보통 보육 기관에 보내게 되는데, 만 4~5세가 되어도 엄마와 유난히 떨어지기 힘들어한다면 분리 불안 장애를 의심해볼 만합니다.

보행기는 언제까지 태워야 할까요?

아이 허리에 힘이 생기면 보행기를 많이 태우지요. 보행기는 걷지 못하는 아이의 행동반경을 넓혀주어 탐색 범위를 확장하는 데 도움이 됩니다. 거기다 부모에게도 대단히 유용하지요. 보행기에 태워두면 손이 안 가고 아이의 온갖 저지레도 제한할 수 있으니까요. 물론 보행기를 오래 태운다고 걸음이 늦어지거나 운동 발달에 지장을 주지는 않지만 뭐든 지나치면 좋지 않습니다. 그러니 아이가 잡고 일어서고, 이제 곧 걷겠다 싶으면 과감하게 보행기를 치워주세요. 스스로 걸을 수 있어도 보행기가 있으면 자기도 모르게 의존할 수 있어요. 걷다가 넘어지고 또 일어나는 시행착오를 통해 무언가를 스스로 해낸다는 만족감, 자기 유능감이 커진답니다. 그 과정에서 효율적이고 적합한 방법을 찾아나가게 되지요. 물론 아이가 넘어져도 다치지 않도록 부모가 뒤에서 바짝 붙어 행동을 지켜보아야 합니다.

10~12개월

발달 특징:

여기저기 돌아다닐 수 있어요

1   10개월 즈음 되면 아기는 누운 상태에서 누가 도와주지 않아도 척척 혼자 일어나 앉습니다. 앉은 상태에서 혼자 일어설 뿐만 아니라 가구나 손을 잡고 몇 발짝씩 걷기도 하지요. 엄지와 집게손가락 끝으로 작은 물건도 집을 수 있습니다. 10분 정도는 혼자 잘 놀고 이름을 부르면 고개를 돌려 쳐다봅니다.

2   11~12개월이 되면 몸무게가 태어났을 때의 세 배인 10킬로그램가량으로 성장합니다. 키는 1.5배(75센티미터)로 자라 있지요. 다리와 허리도 길어져서 제법 유아의 티가 납니다. 12개월쯤 되면 윗니, 아랫니가 각각 네 개씩 나옵니다. 이유식을 완료하는 시기로 다양한 음식을 먹을 준비가 갖춰지는 것이지요. 더불어 아기 몸도 탄탄하게 여물어갑니다.

3   걸음마도 제법입니다. 가구를 잡고 능숙하게 걸으며 양팔을 벌리고 걸음을 떼기도 합니다. 한 손만 잡아주면 걸을 수도 있습니다. 좀 빠른 아기는 돌잔치에서 마음대로 걸어 다니지요. 물론 개인차가 큽니다. 겁이 많은 아기는 혼자 걸음을 떼는 게 오래 걸릴 수 있습니다. 손을 잡고 많이 걷게 도와주면서 부드럽게 격려해주세요. 아이가 혼자 일어선 후 스스로 걷는 데까지는 개인차가 크므로 걸음마가 느리다고 너무 걱정하지는 마세요. 특히 겁이 많고 불안이 높은 아이일수록 혼자 걷는 게 늦을 수 있습니다. 만일 15개월이 지나서도 걷지 못한다면 한번쯤 발달 관련 전문의를 찾아보는 것이 좋습니다.

4   인지 능력 또한 많이 발달해서 걸리적거리는 물체가 있으면 옆으로 치우고 원하는 물건을 잡을 수 있습니다. 음악이 나오면 몸을 흔들거나 흥얼거리는 듯한 소리를 냅니다. 첫돌 무렵이면 미세 감각도 제법 발달해서 손가락을 자유롭게 움직일 수 있지요. 손에 묻어나지 않고 입에 넣어도 해롭지 않은 크레용이나 색연필을 충
분히 제공해주는 것이 좋습니다. 낙서는 두뇌 활동을 자극하는 좋은 활동입니다. 벽이나 창에 커다란 전지를 붙여 자유롭게 낙서 욕구를 발산할 수 있는 환경을 조성해주세요.

5   말이 빠른 아기들은 이 시기 '엄마', '아빠', '어부바' 같은 단어를 제대로 사용하기도 하지요. 무슨 뜻인지 모르고 흉내 내기도 많이 합니다. 또 울음 대신 가리키기나 손짓 같은 비언어적 방법으로 원하는 바를 표현합니다. 칭찬을 받는지, 혼이 나는지 상황을 파악하는 눈치도 늘어납니다. '엄마' 발음이 훨씬 분명

해지고 옷을 갈아입힐 때 만세를 하는 등 협조적인 태도를 보입니다. 이 시기에 아기와 적극적으로 말을 주고받으면 언어 발달에 큰 도움이 됩니다. 도리도리, 쬠쬠 같은 동작이나 "안녕" 하며 손을 흔드는 것이 아기에게는 좋은 놀이이자 언어 자극이 되지요. 물론 언어 발달에도 개인차가 큽니다. 이 월령에 말을 제법 하는 아기가 있는가 하면 말을 전혀 못하는 아기도 있습니다. 말을 못하더라도 말귀를 잘 알아듣고 몸짓이나 표정 등으로 원하는 바를 잘 전달한다면 크게 염려하지 않아도 됩니다.

6   돌잔치는 '영아기 졸업식'과 같습니다. 아기에게는 '새로운 세상'으로 도약하는 기념일이지요. 시야가 확장되고 기동성을 획득하게 되니까요. 아기는 일어서서 높은 곳으로 손을 뻗어 원하는 물건을 꺼내기도 합니다. 위험하거나 반사회적인 행동이 아니라면 12개월까지는 해달라는 대로 해주는 것이 좋습니다.

7   생후 12개월이면 애착 패턴을 형성하고 애착 인물이 고정돼 엄마(주 양육자)만 찾습니다. '엄마와의 분리'는 극도의 불안을 초래한다는 사실을 이해해주세요. 애착은 정말 중요해서 이 시기 애착이 잘 형성되어야 커서 부모는 물론 타인을 신뢰하고, 긍정적 가치관을 가진 건강한 인격체로 자랄 수 있습니다.
반대로 애착이 제대로 형성되지 못하면 불안하고 위축된 태도를 갖기 쉽습니다. 심한 경우 자폐와 유사한 양상을 보이는 반응성 애착 장애를 보일 수도 있어요. 엄마와 떨어지기 싫어하는 마음을 충분히 인정해주되 다른 사람과 더불어 노는 법을 배울 수 있도록 타인과의 즐거운 경험을 마련해주는 것이 좋습니다.

8   생활 면에서는 젖병을 끊을 때가 되었습니다. 우유도 컵으로 먹이면 좋습니다. 스스로 먹는 것을 익히게 해야 부모도 편합니다. 기동성이 생긴 아기는 돌

아다니며 노는 데 열중하고 많은 부모들이 아기 뒤를 쫓아다니면서 한 숟가락이라도 더 먹이려 하지요. 하지만 처음부터 밥은 정해진 장소에 앉아서 먹어야 함을 가르치는 게 좋아요. 오래 지나도 밥을 먹지 않으면 상을 치워도 좋습니다. 한 끼 정도 제때 먹지 않는다고 성장에 문제가 생기지 않거든요. 바른 식사 습관을 익히게 하려면 부모의 일관성 있는 태도가 가장 중요합니다.

없어져도 찾을 수 있어요

이즈음 아기는 '대상 영속성'을 획득하게 됩니다. 물건 또는 사람이 눈앞에서 사라져도 어딘가에 존재함을 인지하는 추상적 사고를 시작하는 것이지요. 장난감이 소파 아래로 굴러갔다면 우는 대신 소파 아래를 들여다봅니다. 한동안 보지 못했던 얼굴을 기억하고 며칠 전 사건도 기억해낼 수 있습니다. 본격적으로 생각을 하고 행동하기 시작하는 만큼 자신의 행동이 다른 것에 영향을 미친다는 사실을 알도록 도와주세요.

9~12개월

두뇌
쑥쑥
놀이

협응이 척척

영차 영차 기어요

놀이 방법

넓은 장소에서 아기가 마음껏 기어다닐 수 있도록 격려해주세요. 아기가 기는 데 익숙해지면 이불 등으로 울퉁불퉁한 굴곡을 만들어주거나 방향을 바꿔 다양하게 기어다니도록 유도합니다. 좋아하는 장난감을 두어 목표를 향해 빨리 기어보도록 하는 것도 좋습니다.

놀이 효과

'기기'는 참 쉬운 일 같지요? 하지만 어른들 생각과 달리 기는 동작은 복잡한 뇌 활동이 필요한 고도의 운동 기술입니다. 스스로 몸을 지탱하면서 움직이고, 움직임에 따라 시선과 초점을 맞추며 자세를 유지해야 하니까요. 기는 동작은 등 근육, 허리 근육을 발달시키고, 양손과 양다리의 협응력을 높이는 데 기초를 닦는 활동입니다.

숟가락으로 먹어요

놀이 방법

이유식을 시작하면 아이가 스스로 숟가락질을 하도록 격려해주세요. 이때 핵심은 숟가락을 손으로 움켜쥐지 않고 손가락을 쓰도록 하는 것입니다. 먼저 부모가 손가락으로 숟가락을 들어 아기에게 시범을 보여주세요.

놀이 효과

손가락으로 숟가락을 잡고 놀림으로써 시각중추와 전전두엽을 자극할 수 있습니다.

언어가 팍팍 늘어요

어른 말로 바꿔주기

놀이 방법

아기가 "무~"라고 하면 "물 달라고 했어?"라고 다시 말해주세요. 이때 아기와 눈을 맞추며 '솔' 정도의 음 높이로 어르듯이 천천히, 또박또박 말해주는 것이 좋습니다.

놀이 효과

이맘때 아기는 이른바 유아어가 한창입니다. 작은 입에서 나오는 아기들 특유의 말들은 정말 귀엽기 그지없지요. 하지만 이때 어른이 아이처럼 혀 짧은 소리로 유아어를 사용하는 것은 언어 발달에 조금도 도움이 되지 않습니다. 어른들이 평소 쓰는 말로 다시 들려주는 것이 좋습니다.

장난감 찾기 놀이

놀이 방법

아이가 특별히 흥미를 느끼고 좋아하는 장난감을 알아둡니다. 아이와 재미있게 놀고 나면 미리 정해둔 장소에 두고 "여기에 둘게" 하고 말해줍니다. 여기에 익숙해지면 놀고 싶을 때 장난감이 있는 곳에서 스스로 골라 놀도록 격려해줍니다. 놀이가 끝나면 스스로 가져다 두도록 해도 좋겠지요.

놀이 효과

이런 행동을 되풀이하면 아기는 장난감을 보관한 장소를 기억하게 됩니다. 그로 인해 작업 기억력이 늘어나며 아이는 자신이 좋아하는 물건을 선택하는 법을 익힐 수 있습니다.

이럴 땐 이렇게 하세요
상황별 육아 Q&A

Q. 맞벌이를 하는 엄마입니다. 세 살까지는 엄마가 키워야 한다는데, 그때까지 키울 여건이 도저히 안 돼서 걱정입니다.

A. 물론 3세 이전의 아이는 엄마가 끼고 키우는 것이 가장 좋습니다. 하지만 맞벌이가 대세인 요즘에는 현실적으로 쉬운 일이 아니지요. 차선책으로 어린이집과 육아 도우미를 고려하고, 어린이집에 보낸다면 그 시기를 고민해봐야 합니다. 양육자가 꼭 엄마일 필요는 없지만 적어도 두 돌이 될 때까지는 일대일로 아이를 돌볼 필요가 있습니다. 엄마와 애착 형성이 완전하지 않은 상태에서 어린이집과 같은 또래 관계에 너무 일찍 노출되면 불안이 증가하여 뇌의 균형적인 발달에 영향을 주거든요. 언어 발달이 늦어지거나 불안정한 아이로 자랄 수 있어요. 특히 불안이 심하고 예민하며 적응력이 낮은 까다로운 기질의 아이들이 엄마와의 분리에 따른 영향을 많이 받습니다. 특히 엄마와 떨어져 있는 시간이 긴 종일반은 문제가 일어나기 쉽습니다. 이럴 경우 일대일로 아이를 돌보는 육아 도우미의 도움을 받길 권합니다. 피치 못하게 어린이집에 보내야 한다면 선생님 한 명당 돌보는 아이 수가 다섯 명 이내로 적은 곳이 좋습니다. 종일반보다는 반일반 등으로 융통성을 가질 수도 있겠지요. 또 하나, 일하는 엄마는 일에 보람을 갖고 스스로 행복해지도록 노력해야 합니다. 엄마가 아이와 24시간 함께 있다고 양질의 양육을 하는 것은 아니거든요. 적은 시간을 효율적으로 활용할 방법이 얼마든지 있으니 그 시간에 초점을 맞춰보세요.

Q. 클래식을 들려주면 아이의 머리가 좋아지나요?

A. 한때 엄마들 사이에 '모차르트 효과'라는 용어가 대유행한 적이 있습니다. 모차르트 음악을 들으면 아이의 머리가 좋아진다는 주장이었지요. 모차르트 효과란 첼리스

트 출신의 심리학자인 프랜시스 라우셔(Frances Rauscher) 박사가 대학생을 대상으로 실시한 어느 연구에서 유래된 용어입니다. 모차르트의 〈두 대의 피아노를 위한 소나타 D장조〉를 들은 학생 집단이 듣지 않은 집단보다 시공간지각 능력 시험에서 월등히 우수한 점수를 받았다는 것이지요. 하지만 이 연구의 맹점은 대학생을 대상으로 했다는 점과 전체 지능이 아닌 시공간지각 능력만을 측정했다는 데 있습니다. 게다가 그 향상 효과조차 15분 뒤에 사라졌다는 사실은 제대로 알려지지 않았지요. 그런데 음반 업계나 출판 업계에서 클래식이 아이 지능 향상에 대단한 영향을 미치는 양 과대광고를 하면서 엄마들이 너도나도 모차르트 CD를 사들였습니다. 물론 음악을 들으면 정서가 안정되는 효과는 기대할 수 있습니다. 이로 인해 수행 능력이 좋아질 수 있겠지요. 하지만 지능 향상까지 이어진다는 것은 과도한 비약입니다. 산모의 정서 안정을 위한 태교 음악 정도로는 괜찮겠지요.

Q. 아이가 밤에 잠을 안 자려고 해요.

A. 신생아는 밤낮이 따로 없습니다. 밤에도 몇 번씩 깨어 젖(우유)을 찾지요. 수많은 엄마들이 다크서클이 드리워진 퀭한 눈으로 "하룻밤만이라도 푹 자보는 게 소원"이라고 하소연합니다. 이때 엄마들의 소원은 오로지 하나. 백일입니다. 아기가 밤에 내리 자기 시작한다는 '백일의 기적'이 도래하기를 기다리는 것이지요. 그런데 앞에서도 언급했듯 기적은 저절로 오지 않습니다. "백일이여, 어서 오라"고 빈다고 오는 것도 아닙니다. 밤에 푹 자는 수면 습관을 잘 잡아주지 않으면 두 돌까지도 밤에 서너 번씩 우유를 달라 보채는 불상사가 생길 수 있거든요.

아기는 생후 3~4개월 무렵부터 나름의 수면 패턴을 잡아가기 시작합니다. 아기마다 다르지만 일반적으로 이 시기가 되면 밤에 먹지 않고도 6~7시간 정도 잘 수 있는 아기가 많습니다. 따라서 생후 6주~두 달 무렵부터 잠자는 습관을 잘 잡아주는 게 중요합니다. 아기가 젖(우유)을 먹는 간격을 늘리고 밤에 먹는 양을 줄여주는 것이지요. 재우는 방법도 중요합니다. 저녁에 재울 때 젖을 물려 재우거나 안아 재우는 버릇이

들면 엄마가 두고두고 힘들어집니다. 잠자리에 눕히고 나직한 목소리로 이야기를 들려주거나 노래를 불러주세요. 일정한 의식을 반복하면서 '자는 시간'임을 인식시킵니다. 물론 처음부터 아기가 반듯하게 누워서 잘 리는 없지요. 울고 보채면 안아주고 다독여준 후 다시 눕혀 재웁니다.

잠을 재울 때 스마트폰으로 동영상을 틀어주거나 음악을 들려주는 경우가 있는데 이는 정말 곤란합니다. 스마트폰이 아기 뇌에 미치는 여러 가지 폐해를 차치하고라도 아기가 잠드는 것을 방해하고 잠의 질을 떨어뜨리기 때문입니다. 물론 이는 어른에게도 마찬가지입니다.

우선 스마트폰에서 나오는 불빛은 뇌를 각성시킵니다. 비유하자면 아기를 재운다며 커피를 주는 것과 비슷한 이치이지요. 각성이 될수록 잠들기가 어려워지고 불면증이 생길 수 있습니다. 또한 잠을 잘 때는 우리 몸에서 뇌를 잠으로 안내하는 멜라토닌이라는 물질이 분비됩니다. 멜라토닌은 잠이 들 무렵 나오기 시작해 새벽 2시쯤 가장 활발하게 분비되지요. 가장 깊은 잠에 빠지는 시간입니다. 그런데 멜라토닌은 빛과 상극입니다. 밝은 빛은 멜라토닌 분비를 억제시키지요. 특히 스마트폰을 비롯한 디지털 기기에서 나오는 청색광은 멜라토닌 분비를 극도로 억제시킵니다. 그러므로 스마트폰으로 인해 잠이 잘 오지 않게 되고, 뇌에서 밤낮을 받아들이는 생체 시계에 문제가 생길 수 있습니다.

Q. 물건을 던지거나 입에 넣는 행동을 반복해요.

A. 이 시기 아이는 세상의 원리를 실험 중입니다. 던지면 소리가 나고, 떨어지고, 엄마가 반응한다는 것을 배우는 중이지요. 혼내기보다는 "아, 던지면 이렇게 되는구나"라고 결과를 설명해주세요. 반복을 통해 두뇌는 인과관계를 학습합니다. 단, 깨지기 쉬운 물건을 던지는 등 위험한 상황이나 사람을 향한 행동에는 "멈춰"라는 짧고 단호한 언어로 경계를 알려줘야 합니다.

Q. 고집을 피우고 떼를 써요.

A. '나도 뭔가 선택할 수 있어!'라는 욕구가 자라기 시작한 시기입니다. 하지만 원하는 것을 말로 표현하기는 아직 어려우니, 떼를 쓰는 행동으로 드러나는 것이지요. 이럴 땐 아이의 감정을 먼저 읽어주고 말로 풀어주세요. "지금 ~이 하고 싶었구나" 같은 공감이 아이 뇌의 감정 조절 회로를 자극합니다. 일관된 태도와 따뜻한 반응으로 '고 집'을 부리는 대신 '의사 표현'을 하도록 도와주세요.

12~18개월

새로운
세상을
발견합니다

전체적인 발달 특징

1   돌이 지난 아기는 두 가지 극적인 변화를 겪게 됩니다. 스스로 걷고, 말을 배우기 시작하지요. 실로 엄청난 사건입니다. 말 그대로 신세계가 열리는 순간이니까요. 아기의 발달은 인류 발달사의 축소판이라고 할 수 있습니다. 인간이 직립보행을 시작하면서 손을 자유롭게 쓰게 되고 '도구의 인간'으로 진화해 눈부신 문명을 일구어낸 것처럼 네 발로 기던 아기가 두 발로 서고 또 스스로 걷기를 배우면서 신체적, 인지적 측면에서 엄청난 도약을 하게 됩니다. 자유로워진 손으로 그림을 그리고 뭔가를 만들며 놀기 시작합니다. 또한 언어와 함께 지능도 눈부시게 발달하지요. 이것저것 탐색하고 실험하고 사물을 종류별로 분류하며 단어와 간단한 문장을 이용한 의사소통을 시작합니다.

2   자신의 행동과 세상 사이의 인과관계에도 눈뜨기 시작하지요. 장난감을 바닥에 떨어뜨렸다가 물에도 빠뜨려보는 등 다양한 탐색 활동을 시작합니다. 사물과 현상에 대한 궁금증이 생겼기 때문입니다. 이처럼 사고가 급격히 확장되는 시기이니 아이 스스로 생각하고 만들고 완성하는 과정을 적극 격려해주세요.

3   이 시기의 아이에게 세상은 호기심의 대상이자 곧 두려움의 대상입니다. 주변을 둘러싼 세계가 궁금하면서도 두렵게 느껴지지요. 물론 여전히 부모의 완벽한 보호를 필요로 하지만 엄마 곁에 붙어 있거나 엄마가 만들어둔 환경에만 머무는 것은 거부합니다. 부모가 더 이상 아이의 일부가 아니라는 뜻이지요. 아이는 스스로 세상을 탐색하고 이해하려 하지요. 부모는 아이가 '친밀감'과 '자율성'을 균형 있게 키워갈 수 있도록 섬세하게 배려해주어야 합니다. 이를 위해서는 과잉보호를 하지 않도록 주의해야 합니다. 스스로 시행착오를 겪으며 방법을 터득할 수 있도록 격려해주세요. 혼자 걷기를 망설인다면 "엄마가 옆에 있으니 걱정 말고 걸어봐"라고 응원해주는 거지요.
     아이가 엄마(주 양육자)를 신뢰하고 언제든 돌아갈 수 있는 안전 기지라고 느낄수록 아이의 자율성은 늘어납니다. 반대로 애착이 불안정하면 아이의 탐색 활동이 크게 제한됩니다. 잊지 마세요. 단단하고 건전한 애착은 아이에게 정서적 안정감을 주고 세상과 건강한 관계를 쌓아갈 수 있는 기초를 만들어줍니다.

4   걷기와 더불어 행동 범위가 넓어지고 관심사도 확장되면서 취향과 성차도 조금씩 나타납니다. 여자아이는 일찍부터 사람에게 관심을 보이고 소통을 시도하지요. 반면 남자아이는 장난감이나 자기 놀이에 더 흥미를 보이는 경향이 있습니다. 또한 말을 시작하면서 본격적인 '학습'이 함께 시작됩니다. 첫 1년 동안 착실히 만들어둔 신경 회로를 이용해 시냅스 수를 더욱 늘리고 지식을 쌓아가지요. 아기는 서서히 어른들이 쓰는 '언어의 법칙'을 알아가기 시작하고 사물의 이름을 빠르게 익혀갑니다. 흔히 아이들을 '스펀지' 같다고 하는데 보는 족족, 듣는 족족 뇌에 입력하기 때문이지요. 빠른 아이는 돌이 지나면서 두세 단어를 말하기도 합니다. 그 전까지 그저 어른의 말을 따라 했다면 이제 스스로 해당 단어를 사용하기 시작하지요.

5 　말귀도 급격하게 트여갑니다. 자신의 행동에 대한 어른들의 반응도 파악할 수 있지요. 친숙한 사물과 동물의 이름도 알기 시작하고 "주세요" 같은 말도 인식합니다. '알아듣긴 다 알아듣는데 왜 말을 못할까' 궁금해하는 부모들이 있는데 아이 발달에서는 지극히 자연스러운 현상입니다. 알아듣는 말(수용 언어)과 표현하는 말(표현 언어)의 발달 속도가 다르거든요. 아이에게 말을 걸 때는 꼭 눈높이를 맞추고 천천히, 또박또박 말해주는 게 좋습니다.
　동시에 새로운 것, 낯선 것에 대한 거부 반응도 커지지요. 좋은 것, 싫은 것도 분명해져서 이른바 '싫어 병'이 두드러지게 나타나기도 합니다. 이때 짜증을 내거나 아이가 거부하는 환경을 밀어 붙여서는 곤란합니다. 인내심을 가지고 말로 설명을 해주어야 해요.

6 　앞서 이야기한 내용은 어디까지나 '일반론'입니다. 누차 강조하지만 발달에는 개인차가 크다는 사실을 명심하세요. 다른 아이와 비교해서 초조해하는 것은 절대 금물입니다. 성경에 이런 구절이 나옵니다. "너희 중에 누가 걱정한다고 해서 자기 키를 한 치라도 더 늘릴 수 있느냐?" 종교에 관계없이 아이를 키우는 모든 부모들이 마음에 담아두었으면 좋겠습니다. 육아도 마찬가지니까요. 내 아이만 특별하게, 내 아이만 남다르게, 내 아이만 튼튼하게 키울 수 있는 특급 비방은 어디에도 없습니다. 부모가 할 일은 그저 한결같이 따뜻한 태도로 아이를 사랑해주고 지지해주고 격려해주는 것입니다. 아이의 성장을 바라보며 무한히 칭찬해주세요. 칭찬은 아이를 자라게 합니다.

"이게 뭐지?"라고 묻지 마세요

아기가 말을 배우기 시작하면 많은 부모들이 "이게 뭐지?"라는 질문을 입에 달고 삽니다. 하지만 이 질문이야말로 어른들이 아기에게 던지는 가장 영양가 없는 질문 중 하나입니다. 아기가 답을 알고 있다면 다시 말하는 게 의미가 없고, 답을 모를 경우 아이를 위축시킬 수 있습니다. 굳이 묻는다면 "이게 뭐더라?"라는 식으로 운을 떼어주는 정도가 적당합니다. 시험당하는 기분은 아기에게도 스트레스를 줍니다. 특히 불안이 높은 아이에게는 이런 질문을 하지 않는 것이 좋습니다. 정답을 말해야 한다는 일종의 강박관념을 줄 수 있으니까요. 비슷한 맥락에서 "~라고 말해봐"라고 시키는 것도 그리 바람직하지 않습니다.

아이의 언어 발달을 촉진하고 싶다면 아기가 주의를 기울이고 있는 대상, 자발적으로 흥미를 느끼는 대상에 시선을 맞추고, 짧고 정확하게 말을 들려주세요. 아기가 꽃을 보고 있다면 "그건 꽃이야. 빨갛고 예쁘네. 흐음~ 향기도 나네" 하는 식으로 말해주는 거지요. 이 시기 아기는 어른이 주도하는 화제에 오래 주의를 집중할 수 없습니다. 아기 중심의 말 걸기를 통해 아기는 기쁨을 얻고 더 빠르게 언어를 익혀갑니다. 그러면서 점점 어른이 말하는 내용에도 주의를 기울이게 됩니다.

12~15개월

발달 특징 :

단어를 말하기 시작해요

1   납작한 코와 조그만 입. 돌을 넘긴 아이의 얼굴
에는 아직 영아의 모습이 남아 있지만 유치가
자라나면서 얼굴 아랫부분이 조금씩 틀을 갖춰
갑니다. 6~7개월부터 나기 시작한 이도 대개는
완전히 잇몸 밖으로 돋아 나오지요. 몸무게는
태어났을 때의 약 세 배, 키는 약 1.5배가 됐습니
다. 몸에 비해 머리가 아직 크고, 배가 볼록 나와
있지만 체형은 한층 균형이 잡히고 단단해지며,
동작도 한결 야무진 느낌이 납니다. 돌이 지나
면 성장 속도가 서서히 완만해지면서 한창 때에

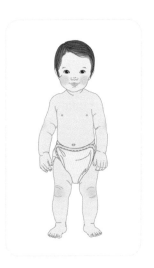

비하면 다소 여윈 것처럼 보이기도 하는데 두 돌 무렵이면 토실토실하던 젖살
이 빠지면서 점점 길쭉한 체형이 됩니다.

2   돌이 지난 아기는 대부분 혼자 설 수 있고 가구에 의지해 걸음을 옮길 수 있습
니다. 손을 잡아주면 낮은 계단을 오르내리기도 합니다. 개인차가 있지만 15개

월 안에는 혼자 걸음을 떼는 게 보통이지요. 걸음이 늦더라도 15개월까지 혼자 걸을 수 있으면 괜찮습니다. 겁이 많은 아이들이 걸음이 늦는 경향이 있으니 조급해하지 말고 충분히 격려해주세요.

많은 아기들이 높은 곳에 올라가는 것을 좋아합니다. "내가 원숭이를 낳았나 싶어요"라는 부모들의 하소연이 폭증하는 시기지요. 다칠 위험도 그만큼 높아지기 때문에 보호자는 한시도 눈을 떼지 말아야 합니다.

3   손의 움직임도 한층 정교해집니다. 서툴지만 숟가락을 잡고 혼자 음식을 먹을 수 있습니다. 크레용으로 제법 형태가 있는 낙서를 하고 블록이나 작은 조각을 두 개 정도 쌓아 올립니다. 처음엔 영 어설프지만 갈수록 탑 쌓는 솜씨가 제법 정교해집니다. 또 작은 조각을 구멍에 집어넣었다가 다시 빼내는 일에도 능숙해집니다. 한 손으로 작은 조각 두 개를 움켜쥘 만큼 쥐는 능력도 발달하지요.

4   원하는 방향을 검지로 가리킬 수 있습니다. '공동 주의 능력'이 생겨서 누가 바라보는 쪽을 함께 바라보거나 자기가 원하는 것을 함께 보아주기를 바랍니다. 또 낯선 상황에서 엄마의 표정을 살펴 상황을 판단하는 "사회적 참조 기술"도 늘어납니다. 엄마와 나누는 상호작용에 의미가 더해지면서 교감이 한층 풍부해지는 시기입니다.

5   더불어 언어 능력도 본격적으로 싹터가지요. 돌 즈음이면 대개 의미 있는 단어 한두 개를 말할 수 있습니다. '맘마', '까까'는 아이가 가장 먼저 습득하는 어휘지요. "주세요"라는 요청어도 잘 알아듣습니다. 사물의 이름을 알아가기 시작하고 눈, 코, 입 같은 신체 부위를 말하며 제스처와 표정도 풍부해집니다. 거의 두 돌 무렵까지는 보통 한 단어에 다양한 의미를 담아 의사 표현을 합니다. 예를 들어 "우유!"라는 말로 "우유 먹고 싶어요", "우유다", "우유 좋아요", "우유

안 먹을래요" 등의 의미를 표현하는 것입니다.

아이가 말을 하면 반드시 응답해주세요. 아이에게 말을 할 때 표정과 몸짓을 덧붙여주면 말뜻은 물론 감정이나 기분을 입체적으로 이해하는 데 큰 도움이 됩니다. 부모의 칭찬을 들으면 기뻐하고 야단을 맞으면 울음을 터뜨립니다. 규칙이나 세부 내용을 이해하지는 못하지만 대략적인 분위기를 파악하는 능력이 생겼기 때문입니다.

6 인지적인 측면으로는 사물과 그 고유 기능을 일대일로 대응시킬 수 있습니다. 빗으로 머리를 빗거나 리모컨을 들고 텔레비전 앞에 대고 휘두르기도 하고, 핸드폰을 보면 귀에 가져다 대고 말하는 흉내를 내기도 하지요. 상황 인식 능력도 발달하여 사물이 보이지 않아도 어떤 곳에 있음을 인식하게 됩니다. 예를 들어 공이 굴러가 보이지 않아도 굴러간 쪽을 바라보지요. 물건을 감추거나 찾는 놀이는 아이에게 엄청난 즐거움을 줍니다. 까꿍 놀이도 여전히 유효한 놀이입니다. 재미있는 행동은 기억해두었다가 몇 번이나 반복하기도 합니다. 특히 반응이 좋았던 행동을 지치지 않고 되풀이하는 모습을 보이지요. 해야 할 일도 제법 잘 알아서, 옷을 갈아입을 때 손발을 적절하게 내밀거나 어른의 간단한 지시 사항도 이해하고 잘 따릅니다.

7 호기심이 많아지고 움직임이 자유로워지면서 저지레가 급격히 심해집니다. 잠시도 가만있지 못하고 물건이란 물건은 죄다 만져보고 통에 있는 물건은 무조건 뒤져내고 봅니다. 휴지통 뒤지기, 변기에 손 넣기, 컵에 담긴 물 쏟기 등 부모에겐 반갑지 않은 난장이 시작되지요. 하지만 잊지 마세요. 이 모든 게 아이에겐 엄청난 즐거움을 주는 놀이이자, 세상을 알아가는 배움입니다. 안전한 환경 조성에 신경을 쓰면서 가능한 한 다양한 탐색 기회를 허용해주세요. 아이가 까치발을 했을 때 손이 닿는 곳에 있는 물건들은 치워주세요. 입에 넣을

만한 작은 물건들도 깨끗이 치워
두어야겠지요. 날카로운 물건이
나 구슬 같은 위험한 물건은 집
안 휴지통에 아예 버리지 마세요.
아이에게서 한시도 눈을 떼지 말
되, 위험하지 않다면 자유롭게 활
동할 수 있도록 도와줍니다. 소리
가 나는 그림책, 동요, 다양한 언
어유희가 이 시기 아이에게 큰 즐
거움을 줍니다.

8   한편으로는 분리 불안이 이전보다 더욱 심해지는 시기입니다. 특히 엄마의 수
난기가 시작되지요. 샤워는 물론 볼일도 마음 놓고 볼 수가 없습니다. 엄마가
자리를 비우게 되면 돌아오겠다고 약속을 하고 이를 꼭 지켜주세요. 감정 기
복도 심해지고 화가 날 때는 심하게 떼를 부리기 시작합니다. 이른바 '땡깡'이
시작되는 것이지요. 울다가 뒤로 넘어가거나 머리를 땅에 부딪기도 하지요.
이런 모습을 보이면 아이가 다치지 않도록 안전에 신경을 쓰되, 떼 자체는 철
저히 무시하세요. 떼를 쓰는 방식으로는 원하는 바를 얻을 수 없음을 알게 해
주어야 합니다.

9   돌 이전까지 무조건적인 수용을 해줬다면 이제부터는 올바른 생활 습관과 사
회적 규칙에 대해 기본적인 훈육을 시작할 때입니다. 안 되는 것은 안 되는 것
이라는 일관된 훈육이 필요합니다. 또 훈육 방침을 온 가족이 공유하는 것도
아주 중요합니다. 특히 밥은 한자리에 앉아서 먹는 습관을 들이는 게 중요합
니다. 또한 서서히 컵으로 먹는 연습을 시켜주세요. 생우유를 젖병에 담아주

는 것은 바람직하지 않습니다. 이가 돋아나니 치아 관리에도 신경을 써주어야 합니다. 스킨십은 여전히 중요합니다. 충분히 안아주고 몸을 부드럽게 어루만져주세요. 이 시기에 애착이 제대로 발달하지 못하면 불안이 높은 아이로 자라게 됩니다.

건강한 치아는 평생 가는 선물

예로부터 치아 건강은 오복 중의 하나로 여겨졌지요. 얼마 전 우리나라와 일본의 50대 이상 성인을 대상으로 실시한 설문을 보니 건강 면에서 가장 후회되는 것으로 '치아 관리를 제대로 하지 못한 점'이 첫손에 꼽혔더군요. 부모가 아이에게 해줄 일이 참 많지만 어려서부터 치아를 건강하게 관리해주는 것은 평생 삶의 질을 높여주는 선물입니다. 이유식을 시작하면서부터 여러 음식을 섭취하니 치아 관리에 세심한 신경을 써주어야 합니다. 젖니는 빠질 이라는 생각에 관리를 소홀히 해서 충치가 생기면 영구치에 나쁜 영향을 주며, 음식을 씹을 때도 문제가 생겨 편식을 하게 될 가능성이 큽니다. 음식을 먹인 후에는 아기 칫솔에 전용 치약을 묻혀 이를 닦아주세요.

12~18
개월

15~18개월

발달특징:

자유롭게 걸어요

1. 이제 거의 대부분의 아이들이 자유롭게 걸을 수 있습니다. 처음에는 걸음이 뒤뚱거려 영 불안하지만 얼마 지나지 않아 균형을 갖추고 굴러가는 장난감을 끌고 다니는 수준으로 발전하지요. 조그만 의자에도 안정감 있게 앉을 수 있습니다. 엄마, 아빠가 체조라도 하면 제법 팔다리를 휘저으며 따라 하곤 하지요.

2. 손놀림도 상당히 정확하고 민첩해집니다. 양손에 물건을 쥐고 옮기거나 물건을 한 손에서 다른 손으로 옮기는 동작에 능숙해지고, 컵과 숟가락을 자유자재로 사용하지요. 책장을 따로따로 넘길 수 있고 책 속의 그림을 유심히 바라보기도 합니다. 또 낙서의 즐거움에 흠뻑 빠져들지요.

3. 인지 발달도 두드러져서 이해할 수 있는 개념의 수가 급속하게 늘어갑니다.

아이는 사물의 모양, 맛, 촉감 등의 비슷한 점과 다른 점을 인식합니다. '끼리끼리'에 눈을 떠 같은 모양이나 색깔끼리 모으거나, 분류하고 대조하는 놀이를 시작하지요. 산책을 나가면 돌멩이나 나뭇잎을 신나게 주워 모으는 행동이 대표적입니다. 거듭 강조하지만 아이가 위험할까 봐 탐색 행동을 제한하지는 마세요. 물론 자유롭게 풀어두면서 안전을 확보

하는 일은 훨씬 수고롭습니다. 하지만 이 시기의 발달 과업을 제대로 성취하려면 마음껏 관찰하고 만지고 탐색하는 기회를 주어야 한답니다.

아이는 몸으로 배우기에 **신체 놀이를 통해 여러 능력을 키우고 자기 조절력을 높여갑니다.** 뛰고 달리고 구르고 제자리에서 빙빙 도는 몸 놀이는 무수히 많은 뇌 신경망을 자극하여 뇌 발달을 촉진하지요. 실내용 미끄럼틀이나 그네, 흔들 말 같은 놀잇감도 도움이 됩니다.

4 상징적이고 추상적인 사고가 작동하면서 한 사물을 다른 것처럼 사용하는 모습이 나타납니다. 상자를 자동차처럼 굴리거나 비행기처럼 날리는 흉내를 내지요. 또 그림을 즐겨 보고 하고 싶은 것, 갖고 싶은 것을 알리려 몸짓을 사용할 수 있지요. 이름을 들으면 그 사람이나 물건을 찾을 수 있습니다.

5 한편으론 낯선 사람이나 큰 소리를 무서워하는 경향이 강해집니다. 개 짖는 소리, 청소기 소리 등에 깜짝 놀라기도 하지요. 이럴 때는 아이를 포근히 안아주어 달래줍니다. 장난 삼아 놀라게 하거나 공포심을 주는 행동은 정서 발달에 좋지 않은 영향을 주니 삼가는 게 좋아요. 또한 이 시기 아이는 원하는 행동

이 방해받거나 받아들여지지 않으면 울음을 터뜨립니다. 물건을 내던지거나 소리를 지르기도 하지요. 심한 경우 바닥에 드러누워 숨이 넘어갈 듯 격하게 울부짖고 호흡마저 가빠지는 '분노 발작'을 일으키기도 합니다. 이런 경우 잠시 동안 품에 꼭 안아서 토닥거려주면 대개는 곧 안정됩니다.

6 17개월 무렵에는 언어가 급속도로 발달합니다. 매일 새로운 어휘를 익히는데 신체, 동물, 음식의 이름이 중심이 되지요. "앉아", "이리 와" 같은 간단한 동작 지시도 이해합니다. 18개월 즈음에는 적게는 세 개, 많게는 20여 개의 단어를 명확히 말할 수 있고 다양한 억양의 음절을 구사합니다. 언어 발달이 빠른 아이는 "엄마 맘마", "엄마 물" 등 두 단어를 연결한 문장을 말하기도 하지요. 조금 지나면 교대로 말을 주고받는 것도 가능해집니다.

뇌를 쑥쑥 키우는 먹거리

미네랄이 부족하면 뇌 발달에 지장을 줄 수 있습니다. 그렇다고 특정 미네랄만 많이 섭취하는 것은 또 다른 부작용을 초래할 수 있지요. 중요한 것은 음식을 골고루 섭취하는 일입니다. 철분이 풍부한 음식으로는 간, 굴, 계란 노른자, 두부, 두유, 치즈 등이 있습니다. 동물성 단백질 식품에 함유된 철분은 체내 흡수율이 우수합니다. 브로콜리, 깻잎, 풋고추, 시금치 같은 짙푸른 야채에도 철분이 많이 들어 있지요. 특히 브로콜리는 '세계 10대 슈퍼푸드'로 꼽힐 만큼 비타민과 철분이 풍부합니다. '뽀빠이'를 천하장사로 만들어주는 시금치에도 철분이 다량 포함돼 있지만 체내 흡수율은 낮은 편이랍니다. 아연이 풍부한 먹거리로는 굴, 조개, 갑각류, 생선류, 붉은 살코기, 콩, 견과류를 추천합니다. 아이에겐 다양한 색깔의 식재료를 골고루 사용한 '무지개 밥상'을 차려주세요. 색깔별로 들어 있는 영양소가 다르답니다.

늦된 우리 아이, 혹시 자폐스펙트럼 장애인가요?

17개월이 지나서도 걷지 못하거나 작은 조각을 쌓아 올리지 못하고, 말을 거의 알아듣지 못하거나 단어를 하나도 말하지 못한다면 전문의에게 상담을 받아보는 것이 좋습니다. 표준 발달 정도보다 6개월 이상 차이가 난다 싶으면 망설이지 마세요. 단순히 늦되는 아이도 있지만 발달이 지연되는 경우도 있습니다. 우리 아이도 그랬다거나 좀 늦을 수도 있다는 주변의 말에 안심하지 마세요. 내 아이는 다를 수 있기 때문입니다. 발달에 문제가 있다면 조기에 발견해 중재에 들어 갈수록 예후가 좋아집니다. 또 검사 결과 문제가 없는 것으로 나온다면 더 이상 마음을 졸이지 않고 아이를 안정적으로 돌볼 수 있지요.

자폐스펙트럼장애(ASD)는 전 세계적으로 약 2%의 유병률을 보이는 드물지 않은 신경발달장애입니다. 핵심 치료제가 없기 때문에서 ASD를 조기선별하는 것이 국가적인 과제입니다. ASD의 경우 타인과의 상호작용에 어려움을 보이는 것이 가장 큰 특징입니다. 최대한 조기에 발견해 중재에 들어갈수록 예후가 좋아지는 만큼 양육자의 관심이 중요합니다. 발달 시기별로 중요한 사회적 행동이 나타나지 않는다면 반드시 소아정신과 전문의를 찾기를 권합니다.

| ASD 조기 선별 체크 리스트 |

- 100일 : 사회적 미소가 나타나지 않는다.
- 6개월 : 낯가림이 나타나지 않는다.
- 8~9개월 : 눈 맞춤이 거의 없으며 다가와 안기지 않고 주 양육자와 분리되는 데 무감하다.
- 10개월 : 까꿍 놀이에 반응하지 않는다.
- 15~16개월 : 놀면서 양육자를 확인하지 않거나 찾지 않는다. 아이가 특정한 상황에서 어떤 행동을 할 때 타인의 표정과 반응을 보며 행동하는 사회적 참조(social referencing)가 나타나지 않는다. (가령 아이가 물건을 만지려 하다가 부모가 찡그리면 행동을 멈칫하거나 더는 다가가지 않는 것을 사회적 참조라고 한다.)
- 17~18개월 : 눈 맞춤이 없고 호명 반응이 10회에 1~2회 정도로 현저히 적다.

12~18개월

두뇌
쑥쑥
놀이

선 따라 걷기

놀이 방법

아기가 걷기 시작하면 적당한 보폭으로 균형을 잡으며 걸을 수 있도록 도와주세요. 청색 테이프를 거실 바닥에 붙이고 올바른 자세로 선을 따라 걷는 놀이를 해보세요. 익숙해지면 거리를 점점 늘이고 직각이나 원 모양의 길로 변화를 주어도 좋습니다. 목적지에 맛있는 과자를 놓고 가지고 오도록 유도하는 것도 재미를 더하는 방법이지요. 뒤뚱거리지 않고 잘 걷는다 싶으면 좀 더 어려운 동작을 시켜봅니다. 아이 손을 잡고 발끝으로 서게 하고, 좋아하는 그림을 조금 높은 곳에 붙여 스스로 발돋움 하도록 격려해주세요. 부모가 손을 잡아준 후 인도의 턱이나 계단에서 두 발을 모으고 "하나 둘 셋, 깡충!" 하는 구령에 맞춰 뛰어내리는 놀이나 계단을 오르내리는 놀이도 추천합니다.

놀이 효과

뇌와 근육이 발달한 아이는 신체적으로도 많은 변화를 보입니다. 팔다리나 손을 사용하는 기술이 정교해지고, 오감을 통해 정보를 받아들이고 이를 행동과 조화롭게 일치시키는 능력도 크게 발달하지요. 걸음마가 그중 한 예입니다. 걷는 동작을 생각해보세요. 한 발을 앞으로 내딛는 동시에 체중을 싣는 동작이 조화를 이뤄야 합니다. 근육을 적절히 조절하고 눈으로는 눈앞의 환경을 관찰하면서 자세와 균형을 잡아야 하지요. 이 모든 요소가 지속적으로 잘 어우러져야 매끄러운 걸음걸이가 됩니다.

균형감이 자라요

그네 또는 미끄럼틀 타기

놀이 방법

처음엔 아이가 무서워하지 않도록 무릎에 앉혀 너무 빠르지 않게 그네를 태워줍니다. 미끄럼틀도 마찬가지입니다. 높은 곳을 무서워하는 아이라면 무릎에 아이를 앉혀 천천히 내려오는 것부터 시작해보세요.

놀이 효과

그네와 미끄럼틀은 전정기관 자극에 큰 도움이 되는 놀이 기구입니다. 우리 몸은 머리가 앞뒤로 움직이면 몸의 평형을 유지하려 반응하지요. 전정기관을 잘 단련하면 걸음에 균형이 잡히고 잘 넘어지지도 않아요. 알고 보면 놀이터야말로 아이의 감각기관을 훈련하고 두뇌 발달을 촉진하는 최고의 학습 장소랍니다.

신나는 종이 놀이

놀이방법

보고 난 신문은 소근육 발달을 돕는 훌륭한 놀잇감입니다. 신문지를 준비해 아기에게 죽죽 찢는 시범을 보여주세요. 아이가 수월하게 찢을 수 있도록 신문지 끝을 조금 찢어주면 좋습니다. 아이가 찢기 놀이에 싫증이 났다면 찢은 신문지를 물에 적신 후 꼭 짜서 단단하게 뭉치는 놀이를 해보세요. 아이와 함께 종이를 공처럼 만들어 던지고 굴리며 놀아줍니다. 이 놀이 역시 소근육 단련에 도움이 됩니다.

놀이효과

북북 찢어지는 경쾌한 소리와 더불어 아이가 큰 즐거움을 누리면서 손과 손목, 손가락을 섬세하게 사용하는 훈련이 저절로 이뤄집니다.

사회성이 발달하고 있어요

상상 놀이

놀이 방법

12~18개월 사이의 아이는 상상 놀이를 시작합니다. 무엇인가 하는 시늉을 내는 것이지요. 부모 뒤를 졸졸 따라다니면서 청소하는 흉내를 내거나 빈 컵을 들고 물을 마시는 척하기도 합니다. 또한 컵을 부딪치며 건배를 하는 시늉을 하거나, 인형을 자장자장 재우기도 하지요. 아이가 어떤 시늉을 하면 그에 맞는 반응을 보여주세요. 가령 아이가 건배를 하는 시늉을 하면 같이 '짠' 하며 벌컥벌컥 물을 마시는 반응을 보여주는 것이 좋습니다.

놀이 효과

이런 상상 놀이는 아이의 사회성 발달이 원활하게 이루어지고 있다는 신호입니다. 아이가 어떤 시늉을 하면 그에 맞는 반응을 보여주세요.

물놀이

놀이 방법

물은 아이를 매료시키는 훌륭한 놀잇감입니다. 대야에 물을 담아주고 자유롭게 놀게 해주세요. 물을 컵에 담았다가 쏟고, 장난감을 빠뜨렸다 건지고, 손으로 물을 퍼내며 시간 가는 줄 모를 것입니다.

놀이 효과

손으로 무언가를 만지면서 노는 놀이는 감각을 자극해 두뇌 발달에 큰 도움이 됩니다. 모래나 진흙, 밀가루 반죽, 수용성 물감 등을 충분히 제공해 아이가 만지면서 놀 수 있도록 해주세요.

상호작용으로 배워요

너한번나한번, 교대놀이

놀이 방법

교대로 노래 부르기, 블록 번갈아 쌓기, 서로의 동작 흉내 내기 등 상호작용을 나누는 모든 놀이를 해보세요.

놀이 효과

차례차례 번갈아가며 상호작용을 나누는 놀이는 정말 중요합니다. 이는 아이의 사회성과 언어 발달을 돕는 강력한 조력자입니다. 혼자서 장난감을 가지고 노는 것보다 부모와 교감을 바탕으로 한 놀이가 세상에서 가장 값진 것임을 잊지 마세요.

상황별 육아 Q&A

Q. 아이가 진득하게 놀지를 못해요.

A. 돌이 지난 아이는 한곳에 머무는 법이 없습니다. 아플 때나 잠자는 시간을 제외하고는 온 집 안을 발발거리며 헤집고 다니지요. 장난감을 가지고 놀다가도 이내 던져버리고 다른 장난감으로 옮겨 갑니다. 부모들은 아이가 싫증을 너무 잘 낸다거나 집중력이 없다고 걱정하기도 하는데, 이 무렵 아이에게는 자연스러운 모습입니다. 세상에 대한 흥미가 커지고 이동할 수 있는 범위도 넓어지는 만큼 한 가지에 집중하는 시간이 짧은 것이지요. 오히려 특정 물건이나 장난감에 유난히 오랜 시간 몰입하거나 반복적인 사용 방식만 고집하고, 사람보다는 사물에 지나치게 집착하는 듯한 모습이 계속된다면 유심히 살펴볼 필요가 있습니다. 돌 무렵에 이런 경향은 드물지만 자폐스펙트럼 장애의 초기 신호일 수 있어 행동의 맥락과 다른 발달 영역과의 연계를 함께 관찰하는 것이 중요합니다.

Q. 배변 훈련은 언제부터 시작하는 게 좋을까요?

A. 답은 '때가 되면'입니다. 대소변 가리기에서 '언제'는 중요하지 않아요. '어떻게'가 중요하지요. 많은 엄마들이 기저귀를 놓고 아기와 신경전을 벌입니다. 기저귀가 마치 발달 또는 지능의 제1척도나 되는 것처럼 이른바 '평균'보다 느리면 노심초사하며 아이를 잡기도 하지요. 그런데 엄마가 기저귀 떼기에 몰두할수록 아이는 스트레스를 받게 됩니다. 계속되는 지적과 훈계는 아이에게 죄책감과 중압감을 주어 역효과를 야기할 수 있어요. 용변이 마려워도 참다 변비가 생기거나 밤에 이불을 수시로 적시는 야뇨증이 나타나기도 합니다. 이로 인해 성격도 나빠질 수 있어요. 대소변 가리기를 좌우하는 것은 지능이 아니라 근육입니다. 대소변을 조절하는 근육이 충분히

훈련되면 자연스럽게 용변을 가리게 돼요. 그럼 '때'가 언제냐고요? 먼저 스스로 대소변이 마렵다는 것을 느낄 수 있어야 합니다. "쉬"라든가 "응가"라든가 용변 의사를 알릴 수 있다면 때가 되었다고 생각해도 되겠지요(보통 18개월이 넘어서면서 배변 조절 능력이 생기기 시작하고 36개월 정도 되면 대소변 가리기가 자리를 잡습니다).

Q. 또래보다 말이 느린 것 같아요.

A. 대부분 돌이 지나면 '엄마', '아빠', '맘마', '까까' 등 생존에 필요한 필수 단어를 말하기 시작하지요. 18개월 무렵부터 언어를 이해하고 말을 하기 시작하지만 언어 발달에도 개인차가 큽니다. 엄마가 내성적이고 말수가 적으면 아이의 언어 발달이 늦어질 확률이 높습니다. 언어 발달에서 언어보다 더 중요한 것은 아이와의 상호작용에서 일어나는 풍부한 정서 교감이거든요.

말을 하지 못하더라도 엄마 말을 알아듣고 표정이나 눈빛, 손짓, 몸짓으로 자기 의사를 표현할 수 있다면 크게 걱정하지 않아도 됩니다. 보디랭귀지는 모든 언어의 기초니까요. 그런데 이름을 불러도 돌아보지 않거나 상호작용이 현저히 떨어지는 경우, 옷을 잡아당기거나 손가락으로 원하는 것을 가리키는 방식으로 의사소통 시도를 하지 않는 경우, 18개월 즈음에 간단한 지시를 알아듣지 못하고 자기가 원하는 것이 있을 때 부모 손을 잡아끌어 해결하려는 한다면 전문의와 상의해보세요. 청력이나 지능, 사회성 발달에 문제가 생겼을 수도 있으니까요. 말이 늦으면서 특정한 행동을 반복하고 사람에게 통 관심이 없다면 자폐스펙트럼 장애(ASD)를 의심해볼 수 있습니다.

Q. 아이에게 텔레비전을 보여줘도 되나요?

A. 텔레비전을 보여주는 시기는 얼마든지 뒤로 미루어도 좋습니다. 미국 소아과학회는 아기가 적어도 두 돌이 될 때까지는 텔레비전을 보여주지 말라고 권고합니다. 아기의 두뇌 발달을 저해할 수 있기 때문이지요. 일방적인 자극을 전달하는 텔레비전

은 사람과의 상호작용을 방해하고, 아기의 세상 탐색을 제한합니다. 텔레비전을 켜는 것은 전적으로 어른을 위한 행위지요. 그런데 부득이하게 시청할 수밖에 없는 상황이라면 꼭 부모가 함께 보도록 하세요. 그리고 아이가 텔레비전에만 빠져들지 않도록 부모의 존재를 끊임없이 각인시켜주세요. 텔레비전에 나오는 내용을 설명해주거나, 함께 춤을 따라 해보거나, 흥미를 유발할 이야기를 화제로 삼는 등 방법은 여러 가지겠지요. 시청 시간은 아무리 길어도 하루 30분을 넘지 않도록 합니다.

Q. 공갈 젖꼭지는 언제까지 물려도 될까요?

A. 아기는 뭔가를 빠는 행동에서 안정감을 느낍니다. 낯선 곳에 갔을 때 더 심하게 손가락이나 공갈 젖꼭지를 찾는 게 그래서이지요. 빠는 욕구가 충족되지 않으면 불안이 높고 신경질적인 아이로 자랄 수 있어요. 손가락을 너무 많이 빨면 위생에도 좋지 않고 손 모양이 미워질 수 있으니 공갈 젖꼭지는 나쁘지 않은 대안입니다. 대개 생후 6개월 무렵 공갈 젖꼭지를 많이 사용하게 되지요. 공갈 젖꼭지를 '언제' 떼어야 한다는 의학적 기준은 없습니다. 대개 생후 6~7개월 무렵 빠는 욕구가 충족되면 공갈 젖꼭지를 안 찾게 되지요. 하지만 유난히 공갈 젖꼭지에 집착하는 아기도 있습니다. 이런 경우 공갈 젖꼭지를 무리하게 떼려고 하면 오히려 스트레스를 줄 수 있어요. 개인적으로는 말을 본격적으로 배우기 전까지는 아기에 따라 공갈 젖꼭지를 사용해도 무방하다고 봅니다. 말을 한창 배워야 하는데 공갈 젖꼭지를 물고 있으면 아무래도 말할 기회가 줄어드니까요.

그렇다고 습관적으로 공갈 젖꼭지를 물리는 일은 금물입니다. 아기가 울거나 보챌 때, 잠을 재울 때 일단 젖꼭지부터 물리는 경우가 의외로 많은 데 결코 바람직하지 않습니다. 아이가 보채면 일단 그 이유를 정확히 파악하고 원인을 해결해주는 노력이 필요해요. 예를 들어 아이는 배가 고픈데 공갈 젖꼭지를 물려준다고 생각해보세요. 짜증이 생기고 욕구 불만이 커지겠지요. 부모가 편하자고 공갈 젖꼭지를 만능인 양 사용하면 아이는 필요 이상으로 의존하게 됩니다. 훌쩍 크고 나서도 떼기가 점점 어려워지지요. 공갈 젖꼭지는 꼭 필요할 때 잠깐씩만 사용해주세요.

Q. 자주 물건을 던지거나 공격적인 행동을 보여요.

A. 말보다 행동이 먼저인 시기입니다. 던지거나 때리는 건 감정이 조절되지 않아서가 아니라 표현할 언어가 부족해서 생기는 경우가 많아요. "화가 났구나", "짜증이 났구나"처럼 감정을 대신 말해주는 것이 매우 효과적입니다. 아이는 반복적으로 감정 언어를 듣고 익히며 조금씩 조절력을 갖게 됩니다. 행동을 혼내기보다 감정부터 이해하고 조율하는 방식이 아이 뇌의 발달에 맞는 접근입니다.

Q. 분리 불안이 심한 아이를 어떻게 도와줘야 하나요?

A. 분리 불안은 애착이 잘 형성되고 있다는 자연스러운 신호입니다. 이 시기 아이는 '부모가 내 눈앞에서 사라져도 계속 존재한다'는 대상 항상성(object permanence)이 아직 완성되기 전입니다. 부모가 사라졌다가 다시 돌아오는 경험이 쌓일수록 아이의 뇌는 기다리는 법을 배우고 안정감을 느낍니다. 떠날 땐 몰래 사라지기보다 "금방 올게"라고 인사하고 반드시 돌아와주세요. 반복된 신뢰 경험이 아이의 기억 속에 '떨어져 있어도 괜찮다'는 감각을 심어줍니다.

● 18~24개월 ●

자율성이
커지고
말문이 트여요

18~24개월

발달 특징 :

다양한 정서와 자아 개념이 생겨요

1 이 시기 아이는 걷는 것보다 뛰는 것을 더 좋아
합니다. 집 밖을 나서자마자 다람쥐처럼 날쌔게
달아나 부모의 심장을 덜컥 내려앉게 하지요.
난간이나 부모 손을 잡고 계단을 한 발씩 오르
다가 점차 혼자서 오르려 하기도 합니다. 하지
만 아직까지는 왼발, 오른발을 번갈아가며 능숙
하게 계단을 오르지는 못합니다. 앉은 자세에서
일어서거나 걷다가 뛰는 등의 연속 동작이 한결
부드러워지고, 서툴지만 공을 던지고 찰 수도
있습니다.

2 크레파스로 낙서하는 것도 좋아합니다. 크레파스를 손 전체로 움켜쥐고 수평선
이나 수직선 같은 걸 그리곤 하지요. 부모가 도와주면 비뚤게나마 원 비슷한 모
양을 그리기도 합니다. 지퍼를 내리거나 똑딱이 단추를 풀 수 있고, 운동화 벨크
로를 떼었다 붙였다 할 수 있습니다. 책장을 한 번에 한 장씩 넘길 수도 있고요.

3   인지적인 측면에서는 상징을 이해하고 추상적
인 사고를 하는 능력이 발달하기 시작합니다.
그림으로 본 물건을 실제와 짝지을 수 있고, 장
난감 전화기나 인형으로 상상 놀이를 합니다.
호기심이 강해져 작은 벌레나 꽃을 한참 들여다
보기도 합니다. 나아가 모든 사물에 이름이 있
다는 사실을 알게 되지요. 어떤 아이는 "이게 뭐
야?" 하고 줄기차게 물어대기도 합니다. '지금',
'조금 이따가', '밥 먹은 다음에' 등 시간 개념도
이해하지요. 인지 발달 면에서 어린 침팬지보다
나아지는 시기가 이때부터입니다.

4   **다양한 정서도 발달합니다.** 아이도 어른처럼 남들에게 거부당할까 두려워하
고, 새로운 환경에서 수줍음이나 좌절감을 느낍니다. 또래나 부모가 곤경에
처하면 이를 공감하고 마음을 헤아릴 줄도 압니다. 자기가 좋아하는 사람이
있으면 무릎에 앉고 포옹하며 미소를 지어 애정을 표현하기도 하지요. 이외에
도 수치심, 죄책감, 질투, 자긍심, 동정, 분노 등 여러 감정을 느낍니다.
자아 개념도 생깁니다. 아이 코에 몰래 잉크를 묻히고 거울을 보여주면 18개월
이전에는 별 반응을 보이지 않습니다. 하지만 생후 18개월 이후부터는 코를 문
지르며 얼룩을 지우려고 합니다. 거울에 비친 모습이 자신이라는 사실을 알기
때문에 하는 행동이지요. 이 시기부터는 자기 이름이나 '나'라는 대명사를 사
용하여 자신을 지칭하기 시작합니다. 소유에 대한 개념도 발달해서 "내 거야"
라는 말을 자주 하고, 자기 물건에 대한 애착도 강해지지요. 또래에 대한 관심
은 생기지만, 아직까진 어울려 놀기보다 혼자서 노는 경우가 더 많습니다.

5   운동 능력 역시 발달하여 많이 흘리긴 해도 숟가락질을 할 수 있습니다. 신발이나 양말 벗기, 지퍼 내리기, 이 닦기, 손 씻기, 안전벨트 매기 등을 혼자 하겠다며 고집을 부리기도 합니다. 아직은 옷의 앞뒤나 신발의 좌우를 구분하진 못해요. 그래서 혼자 하다 잘 안 되면 짜증이나 신경질을 부리는 때도 있습니다. 그럴 때 "거봐, 엄마가 해준다고 했잖아. 말 안 들어놓고 왜 짜증이야?" 하고 아이를 야단치지 마세요. 격려하고 기다려주며 혼자 할 기회를 많이 줄수록 자율적이고 독립적인 아이로 자랍니다.

6   언어 능력이 폭발해 하루에 새로운 어휘를 서너 개 이상 배웁니다. 아이마다 차이는 크지만, 생후 18~21개월은 100개의 단어를 이해하고 50개의 단어를 말할 수 있으며, 생후 22~24개월에는 200~250개의 단어를 이해할 수 있습니다. 부정문, 의문문, 명령문, 다섯 단어 이상의 긴 문장을 이해하고, 두 단어 이상이 결합된 간단한 문장도 말할 수 있어요.

7   이 시기에는 자폐 성향을 발견하기 쉬워집니다. 가장 뚜렷한 지표는 호명 반응입니다. 생후 18개월 아이는 자기 이름을 부르면 열 번 중 여덟아홉 번 정도는 쳐다봅니다. 반면 자폐 성향이 있는 아이는 한두 번 이하로 반응합니다. 이런 경우 부모 입장에서는 자폐 성향보다 청력 이상을 의심하기 쉽지요. 하지만 아기 때부터 엄마와 눈을 잘 안 맞추고 낯가림도 나타나지 않았고, 생후 18개월이 지났는데 호명 반응도 보이지 않는다면 자폐 성향일 가능성이 매우 높다고 봐야 합니다.

    자폐 성향이 있는 아이의 또 다른 특징은 타인의 표정을 살피지 않거나 표정에 담긴 의미를 파악하지 못한다는 것입니다. 보통은 새로운 물건이나 낯선 환경을 접하면 엄마를 먼저 살핍니다. 엄마가 놀라거나 못 하게 하는 기색이면 얼른 물건에서 손을 떼거나 주춤하지요. 앞에서 설명한 사회적 참조에 따른 행동입니다. 그런데 자폐 성향이 있는 아이는 엄마의 표정을 잘 살피지 않아요. 살핀대도 그 표정이 무엇을 의미하는지 파악하지 못하고요. 그러니 툭하면 위험한 일을 벌이고 잘 다칠 수밖에요. 만일 아이가 안전사고를 자주 당한다면 말썽쟁이라고만 생각하지 말고 유심히 살펴보세요. 위험한 일을 벌일 때 엄마 눈치를 잘 안 보고, 이름을 부르거나 소리를 쳐도 그 행동을 멈추지 않는다면 의사의 상담이 필요합니다.

우리 아이의 언어 발달 상태를 체크해보세요

• 동사를 포함한 두 단어를 결합하여 문장을 말할 수 있나요? ("다 먹었어", "또 할래" 등) … □

• "싫어"라는 말로 거부 의사를 나타내나요? … □

• 아이가 사용하는 단어가 50개 이상인가요? … □

• "이게 뭐야?"처럼 두 단어를 결합한 의문문을 사용할 수 있나요? … □

• 자신을 지칭하는 데 자기 이름이나 '나'라는 대명사를 사용하나요? … □

• 두 단어를 결합한 부정어를 사용하나요?("안 가", "안 해" 등) … □

• 엄마가 "안 돼!"라고 외치면 하던 행동을 멈추거나 주춤하나요? … □

우리 아이의 사회성 발달을 체크해보세요

• 이름을 부르면 쳐다보거나 반응하나요? (10번 중에 8~9번 정도) … □

• 낯선 물건을 만지거나 탐색할 때 엄마 눈치를 살피나요? … □

• 말은 못해도 말귀는 곧잘 알아듣나요? … □

* 두 항목 이하에 해당하는 경우, 특히 이름을 불러도 반응이 없다면 병원 진료를 받아보는 것이 좋습니다.

18~24
개월

훈육

미운 두 살 똥고집,
따뜻한 훈육으로 보듬어주세요

✦✦ 훈육이 필요한 진짜 이유

"시여(싫어)", "아니야", "내가, 내가!", "엄마 미워!"

요즘 아이가 하루에도 수십 번씩 하는 말이지요? 주는 대로 먹고 입고 놀던 아이가 생후 18개월이 지나자 달라졌습니다. 앙증맞은 입으로 "엄마 미워"라는 말을 잘도 내뱉고, 엄마가 하자는 것은 안 한다고 도리질을 합니다. 엄마는 바빠서 숨이 넘어갈 지경인데 제 손으로 운동화를 신겠다며 세월아, 네월아 속을 까맣게 태우기도 하지요. 옆집 아저씨가 엘리베이터 버튼을 먼저 눌렀다고 아파트가 떠나가라 울어 젖히기도 하고요. 천사 같았던 내 아이에게 대체 무슨 일이 벌어진 걸까요.

이제 아이는 능숙하게 걷고 곧잘 뜁니다. 말귀도 꽤 알아듣고 자기 의사를 표현할 줄도 압니다. 상징을 이해할 만큼 인지 능력도 성장합니다. 이런 변화 덕에 아이는 자신이 엄마 아빠와 다른 존재, 독립된 인격체라는 사실을 깨닫게 됩니다. 이제 더 이상 누군가에게 의존하지 않아도 되고, 싫은 일은 안 해도 됨을 알게 되는 거죠. 결국 미운 두 살의 반항이란 아이가 자아 개념을 발견하고, 독립심과 자유의지를 키우는 연습에 돌입했다는 신호인 것입니다.

이 시기 아이의 행동을 잘 관찰해보세요. 새로운 물건으로 손을 뻗기 전에 엄마 표정부터 살핍니다. 자신이 안전한지 아닌지, 해도 되는 행동인지 아닌지 엄마의 동의를 구하는 것이지요. 무조건 제 고집대로만 하려는 것은 아니라는 이야기입니다. 여러분이 정글에 가게 됐다고 상상해볼까요. 유능한 가이드가 먹어도 되는 음식, 해도 되는 행동, 가도 되는 장소를 명확히 구분해준다면 두려움 없이 여행을 즐길 수 있을 거예요. 하지만 뭐든 마음대로 하라거나 자기 뒤만 졸졸 따라야 한다는 가이드를 만난다면 어떻겠어요. 아이와 부모 관계도 이와 비슷합니다. 무조건 부모 뜻에 따르라고 억눌러서도, 아이 뜻대로 하라고 방임해서도 안 됩니다. 아이의 독립심이 안정적으로 성장하려면 자율성은 존중하되 미성숙한 절제력은 보완하는, 일종의 가이드라인이 있어야 합니다.

아이는 번번이 좌절감을 느낄 수밖에 없습니다. 제 손으로 티셔츠를 입으려 해도 마음대로 되질 않고, 더 놀고 싶은데 엄마는 집에 갈 시간이라고 하지요. 먹기 싫은 시금치는 늘 식탁에 오르고, 마트에서 새 장난감에 손을 뻗을라치면 엄마 표정이 험악해지기 일쑤입니다. 아이가 이렇게 욕구 불만과 좌절감을 느끼면 감정을 관장하는 변연계 편도체에서 경보가 울리기 시작합니다. 아이 뇌에서 이 상황을 위협적으로 인식하는 것입니다. 그러면 시상하부에서 스트레스 호르몬을 분비하면서 도망가거나 싸울 준비를 하게 됩니다. 동시에 긍정적인 기분을 느끼게 하는 화학물질 분비가 차단되면서 이 상황에만 주의를 집중하게 합니다. 더 쉽게 말할까요? 무슨 수로도 달랠 수 없는 똥고집, 떼 부리기가 시작된다는 뜻입니다. 마트 바닥을 뒹굴고, 시금치 접시를 뒤집고, 엄마를 때리고, 귀가 찢어져라 울어대는 아이 뇌 속에서는 이런 일이 벌어지고 있는 거죠.

어른의 삶도 좌절의 연속입니다. 자기 욕구를 완벽하게 충족시키고 사는 사람은 없지요. 그런데 왜 어른은 아이처럼 떼를 부리지 않는 걸까요. 바로 전두엽이 개입하기 때문입니다. 전두엽이 편도체를 제어하고 충동을 제어하는 신경 전달 물질을 분비하게 하여 마음을 가라앉힙니다. 분노와 좌절, 불안 같은 격한 감정을 다스린 다음, 상황을 정확하게 파악하고 어떻게 행동할지 계획합니다. 물론 어른이 되어서도 아이처럼 감정 조절에 서툰 사람이 있습니다. 어린 시절, 감정이 격해졌을 때 전두엽이 적절히 개입하여 기분을 가라앉힌 경험이 없기 때문입니다. 이래서 부모 역할, 즉 훈육이 중요하다고 하는 것입니다.

분노, 불안, 두려움은 타고난 본성입니다. 짐승의 위협이나 자연재해에 처했을 때 갓난아기가 살아남으려면 불안과 두려움을 느끼고 격렬하게 표현하여 양육자에게 도움을 요청하는 방법밖엔 없었을 테죠. 반면 생후 18~24개월 아이의 절제력은 눈앞에 사탕을 두고 딱 20초를 참는 수준에 불과합니다. 변연계는 태어날 때부터 완벽한데 전두엽은 이제 막 걸음마를 뗀 셈이니, 감정에 쉽게 휩싸이고 떼를 부릴 수밖에요. 훈육은 바로 이 사실을 이해하는 데서 시작합니다. 두 살배기는 엄마를 괴롭히기 위해 생떼를 부리는 게 아닙니다. 그저 상위 뇌가 미성숙하고, 하위 뇌와 상위 뇌를 연결하는 회로가 덜 여물었기 때문입니다. 훈육의 목표는 전두엽이 변연계에 적절하게 개입할 수 있도록 뇌에 길을 만드는 것입니다. 어릴 때부터 이런 훈육을 받은 아이는 자기감정을 잘 조절하고 절제력을 발휘하며 남을 배려하고 자존감이 높은 성숙한 인격으로 자랄 수 있지요.

⭐ 훈육 효과를 높이려면 이렇게 하세요

하위 뇌와 상위 뇌를 연결하는 회로를 튼튼하게 하려면 부모가 어떻게 도와야 할까요. 우선 명심해야 할 사항이 있습니다. "안 돼"라는 말은 되도록 꼭 필요할 때만 해야 한다는 것입니다. 거절은 아이 마음에 어떤 식으로든 상처를 남깁니다. 또 자기 의지를 존중받지 못한다는 생각에 더욱 심하게 떼를 부려 부모를 이기려 들기 때문에 결과적으로 훈육 효과도 떨어집니다.

안 된다는 말을 적게 하려면 아이가 좌절하고 분노할 만한 상황을 피하는 게 우선입니다. 아이 변연계는 쉽게 흥분하지만, 이를 통제할 전두엽은 미숙하다는 사실을 잊지 마세요. 흥분할 걸 뻔히 알면서도 그런 상황에 내버려두는 건 아이에게 너무 가혹한 일입니다. 장난감 매장에서 뒹구는 아이라면 마트에 안 데려가는 게 상책입니다. 만지면 안 되는 물건에 자꾸 손을 대면 안 보이게 치워둬야 합니다. 시금치를 안 먹겠다고 하면 동일한 영양소의 다른 음식을 찾아보거나 조리법을 달리하면 됩니다.

아이가 흥분할 만한 상황을 피할 수 없는 경우도 있습니다. 그럴 땐 대안을 준비하세요. 언젠가 음식점에서 두세 살배기 두 명이서 뛰며 장난치는 광경을 본 적이 있습니다. 주변 시선이 따가워지자 부모가 아이들을 불러 야단을 치더군요. 부모는 따끔하게 훈육했다고 생각할지 몰라도 아이들 입장에선 억울한 일입니다. 아이 뇌는 지루함을 고통으로 받아들입니다. 전두엽이 운동 신경을 효과적으로 통제하지도 못하고요. 만일 부모가 장난감이나 동화책을 준비했다면 상황은 달라졌을 거예요. 호기심을 느끼면 아이 뇌에서는 도파민과 오피오이드를 분비하는데, 이는 운동 충동을 자연스레 진정시키는 역할을 합니다.

차로 장거리 이동을 할 때도 마찬가지겠지요. 아이가 카시트를 벗어나려 하거나 지루해져 떼를 부리기 전에 호기심을 자극할 만한 활동을 시켜야 합니다. 단, 스마트 기기는 좋은 대안이 아닙니다. 떼 부리는 아이를 달래는 데 그만한 특효약도 없지만, 뇌에 끼치는 부작용이 만만치가 않습니다. 스마트 기기를 보여주는 것보다 낙서하기, 노래하며 율동하기, 좋아하는 그림책 읽어주기 등 부모와 함께하는 활동을 추천합니다.

때로는 아이 마음대로 하게 내버려둘 필요도 있습니다. 방임이나 직무 유기를 하라는 뜻이 아닙니다. 아이 의사를 존중하라는 것이지요. 예를 들어 양말을 신기려는 손길을 아이가 거부하는 경우라면 어떨까요. 자기 스스로 뭔가를 해보겠다는 것은 혼날 일도 제지당할 일도 아닙니다. 하지만 대개는 시간에 쫓긴 부모가 아이 고집을 억지로 꺾는 바람에 떼를 부리는 상황이 되고 맙니다. 이럴 땐 외출 준비 시간을 넉넉하게 잡는 걸로 문제를 해결할 수 있습니다. 아이에게 화를 안 내려면 부모 마음에 여유가 있어야 하고, 그러려면 시간적인 여유를 확보하는 게 중요합니다.

지금까지의 내용을 한마디로 정리하면, 아이에게 "안 돼"라고 말하기 전에 한 번 더 생각해보라는 것입니다. "안 돼"라는 말을 습관적으로, 부모 편의에 따라 하고 있지는 않은지 되돌아보자는 말이지요. 하지만 "안 돼"라는 말이 꼭 필요한 순간도 있기 마련입니다. 아이가 위험하거나 폭력적인 행동을 할 때는 망설이지 말고 단호하게 "안 돼!"라고 해야 합니다.

만일 즉시 행동을 멈추게 할 만한 긴박한 상황이 아니라면 "안 돼"라고 말하기 전에 덧붙일 말이 있습니다. "네 마음, 엄마(아빠)가 잘 알아" 하는 공감의 한마디입니다. 입장 바꿔 생각해보세요. 어떤 문제가 생겼을 때 상대가 객관적으로 시시비비만 가리려 한다면 감정의 골만 깊어질 것입니다. 반면 같은 이야기를 하더라도 "네가 힘든 거 내가 잘 알지" 하고 공감을 먼저 해주는 경우라면 마음이 한결 누그러질 테지요. 아무리 옳은 이야기도 듣는 이가 간섭이나 통제로 받아들이면 아무 소용이 없습니다. 아이도 어른과 같아요. 공감이 먼저, 훈육은 나중이지요. 무조건 안 된다고 하는 경우와 일단 공감부터 해주는 경우, 행동은 크게 달라집니다.

"우리 ○○가 화가 많이 났구나."

"이걸 하고 싶은데 마음대로 안 돼서 짜증이 났구나."

"이 장난감, 굉장히 갖고 싶어 하는 거 엄마(아빠)도 알아."

부모가 이렇게 말해주면 아이는 더 이상 울거나 떼 부릴 이유가 없어집니다. 부모가 자기 마음을 알아주었으니까요. 일단 마음부터 진정시켜야 안 된다는 말도, 그 이유도 이해시킬 수 있습니다. 그러니까 공감은 아이가 마음을 가라앉히고 부모 말에 귀 기울이게 하는 일종의 진정제 역할을 하는 셈입니다.

물론 공감에도 연습이 필요합니다. 아이가 떼를 부리기 시작하면 짜증과 분노가 가슴에서 부글대다 머리로 끓어오르는 기분이지요. 부모도 사람인지라 대뜸 고함부터 내지르고 싶어집니다. 하지만 이 순간을 잘 넘겨야 합니다. 저도 두 아이를 키우면서 속이 끓어오를 때마다 더 좋은 엄마, 더 성숙한 사람이 되기 위해 연단하는 과정이라고 생각하면서 마음을 가라앉히곤 했어요. 미운 두 살, 첫 번째 사춘기는 부모와 아이 모두에게 힘든 시기입니다. 하지만 이때 스스로를 잘 단련한 부모는 아이에게 진짜 사춘기가 왔을 때도 현명하게 넘길 수 있습니다. 부모가 공감해주면 아이는 반드시 협조로 응답합니다.

"안 돼"라는 말의 사후 관리도 중요합니다. 공감은 해줬지만 어쨌든 안 된다고 했으니 아이 기분이 좋을 리 없겠지요. 이때 아이 마음을 다독여 재빨리 기분을 풀어줘야 합니다. 비위를 맞춰주라는 이야기가 아니에요. 안 된다고 했다가 번복하거나 지키지도 못할 약속을 한다면 그것은 비위를 맞추는 행동입니다. 기분을 풀어주라는 건 애정을 표현하라는 뜻입니다. '네 요구를 거절한 건 미워서가 아니야. 엄마(아빠)는 여전히 널 사랑한단다'라는 메시지를 전달하는 것이지요.

만일 화를 참지 못하고 아이에게 폭력적인 언행을 한 다음이라면 더더욱 이 과정이 필요합니다. 아이를 안아주면서 진심으로 사과하세요. "엄마(아빠)가 더 참았어야 했는데 정말 미안해. 엄마(아빠)는 너를 정말로 사랑해." 아이는 부모를 늘 용서합니다. 작은 팔로 목을 끌어안으며 사랑한다고 말해줍니다. 이 과정에서 정서적 회복 또는 복구가 일어나 정서를 담당하는 뇌를 안정시켜줍니다. 하지만 폭력적인 언행이 반복되거나 적절한 사과와 다독거림이 없다면 아이는 달라집니다. 더는 부모를 용서하지도, 사랑하지도, 따르지도 않게 됩니다. 지속적으로 분비된 스트레스 호르몬이 정서를 담당하는 뇌에 영구적인 흉터를 남기기 때문이지요. 후회한다면 사과하세요. 사과한다고 부모의 권위가 땅에 떨어지지 않습니다. 소모적인 기싸움으로 아이 마음이 망가지도록 내버려두지 마세요.

폭력적인 언행에 관해 말이 나왔으니 몇 마디 덧붙이겠습니다. 아이가 말을 안 듣는다고 매를 드는 부모가 있습니다. 요즘은 일명 '도깨비 어플'로 겁을 주는 일도 많다고 합니다. 망태 할아버지가 하던 역할을 이젠 스마트 기기가 대신하는 셈이지요. 매를 드는 것도, 도깨비 어플로 겁을 주고 위협하는 것도 다 아이 잘 되라고 하는 일이겠지요. 그 마음까지 의심하진 않습니다.

체벌이나 위협으로도 훈육과 같은 효과를 거둘 수는 있습니다. 하지만 아이 뇌 속을 들여다보면 훈육과 체벌은 결코 동일한 것이 아닙니다. 체벌과 위협은 뇌에 스트레스 반응을 일으키고, 하위 뇌의 분노 체계가 과민 반응하도록 합니다. 전두엽의 발달도 더디게 하지요. 앞서 훈육이란 하위 뇌와 상위 뇌를 연결하는 회로를 단단하게 만드는 일이라고 말씀드렸지요. 체벌은 아이 뇌 속에서 훈육과 정반대 작용을 합니다. 체벌로 아이를 고분고분하게 만들 수는 있어도 스스로 감정을 조절하며 행동을 절제하고 이를 통해 자긍심과 자존감을 키우는 아이로 만들 수는 없습니다.

체벌로 복종시킨 마음과 훈육을 통해 길러진 마음은 절대 같지 않습니다. 우리도 어릴 때 다 맞고 자랐다고, 망태 할아버지가 잡아간다는 무시무시한 위협을 들으며 자랐다고, 그래도 별문제 없이 자랐다고 말하고 싶은가요? 그렇다면 당시로 돌아가 자기 마음을 찬찬히 들여다보길 바랍니다. 매가 무서워, 망태 할아버지가 두려워 복종은 했지만 상처받지 않았다고, 두렵지 않았다고 말할 수 있나요? 마음 깊이 반항심과 분노가 꿈틀대진 않았나요? 훈육을 위해 사랑의 매를 든다고 말하지 마세요. 그것은 훈육도, 부모 노릇도 포기한다는 뜻입니다. 아이는 온화한 부모에게 기꺼이 복종합니다. 아이를 믿으세요. 그리고 훈육의 힘을 믿으세요.

| 상황에 따른 구체적인 훈육법 |

아이와의 24시간, 별별 일이 다 일어나죠. 사례별로 구체적인 훈육 방법을 알려드리겠습니다.

O 울음부터 터뜨리는 버릇이 있을 때

- "울기만 하면 왜 우는지 알 수 없잖아. 그만 울고 왜 우는지 얘기해줄래?"라며 아이와 소통을 시도해보세요. 그래도 울음을 그치지 않는다면 조용히 자리를 떠나 다른 일을 하세요. 단, 아이의 눈길이 미치는 곳이어야 해요. 이 시기는 버려지는 것에 대한 두려움이 상당히 크기 때문에 아이를 혼자 두어서는 안 됩니다.

- "여기서 설거지하고 있을게. 울음이 멈추면 엄마(아빠) 불러"라고 이야기한 후에 울음을 멈추는 기색이면 아이에게 다가갑니다.

- "이제 얘기할 준비가 됐구나"라며 대화를 시작한 후 아이 말에 귀 기울여주세요.

O "엄마(아빠) 미워!" 하고 소리 지를 때

- "그런 말 하는 거 아니야!" 하고 야단치거나 "그럼 엄마(아빠)도 너 미워!" 하고 되받아치지 마세요. 아이가 서운한 마음에 내던진 말인데, 같은 수준으로 반응하면 안 되겠지요.

- "그래도 엄마(아빠)는 ○○가 좋은데. ○○가 엄마(아빠) 밉다고 하면 엄마(아빠)는 속상해요" 하면 어떨까요. 아이에게 애정과 관심을 보여주고, "엄마(아빠) 미워"가 좋은 말이 아니라는 것도 가르쳐줄 수 있습니다.

○ 제안에 다 싫다고만 할 때

 - 이런저런 말에도 다 도리질을 하며 "싫어, 안 해"라는 말만 반복하는 아이도 있습니다. 이럴 때는 명령하지 말고 선택하게 하세요. 예를 들어 "여기 앉아"라고 하지 말고 "이 의자에 앉을 래, 아니면 저 의자에 앉을래?" 하고 묻는 거죠. 조삼모사 같아도 아이에겐 효과가 있어요.

○ 장난감 사달라고 마트 바닥에 드러누울 때

 - 언젠가 마트에서 실제로 목격한 장면이에요. 아이는 마트 바닥을 나뒹굴며 떼를 부리고 있고, 아빠가 곁에 앉아 아이를 조목조목 설득하고 있더라고요.
   "집에 이거랑 똑같은 장난감 많잖아. 우리 ○○ 착하지? 이제 그만하고 집에 가자. 다음 생일에 사줄게. 아빠가 약속할게……."
 - 아이를 윽박지르지 않으니 참 괜찮은 아빠라고요? 하지만 이것도 좋은 방법은 아닙니다. 아이가 감정적으로 잔뜩 흥분한 상태에서는 아무리 전두엽에 호소해봤자 소용없습니다. 이럴 때는 "네가 얼마나 이걸 갖고 싶어 하는지 잘 알아" 하고 공감은 해주되 "하지만 오늘은 돈이 없어서 못 사" 하고 단호하게 말합니다. 그런 다음 즉시 장난감 매장을 빠져나옵니다. 아이가 따라 나오지 않고 떼를 부리면 번쩍 안아 다른 곳으로 데려갑니다.
 - 물론 가장 좋은 방법은 애초에 이런 상황을 만들지 않는 거예요. 마트를 가더라도 장난감 매장 근처는 피한다면 떼를 부릴 일도 없겠지요.

○ 하던 일을 계속하겠다고 고집 부릴 때

 - 놀이터에만 나가면 아이가 집에 안 가려는 통에 매번 실랑이를 하게 되지요. 놀고 있는 아이를 씻기거나 잘 준비를 시킬 때도 마찬가지고요. 아이의 뇌는 화학 체계가 미성숙해서 관심을 쉽게 이동시키지 못합니다. 지금 열중하고 있는 활동을 끝내게 하려면 예고를 통해 뇌가 준비할 시간을 줘야 해요. "시곗바늘이 여기 오면 집에 가는 거야" 하고 예고해주세요. 그 후 시간이 되면 아이에게 알리고 다섯까지 센 다음 일관성 있고 단호하게 다음 활동으로 넘어가세요.

○ 잔뜩 흥분해 울부짖을 때

- 너무 흥분한 나머지 다른 사람을 때리거나 물건을 파손할 때, 자기를 해칠 우려가 있을 때 는 특단의 조치가 필요합니다. 아이를 압박한다는 기분으로 뒤에서 꽉 끌어안습니다. 심하 게 저항하면 부모의 턱과 아이 머리 사이에 베개나 쿠션을 대세요. 목마르다, 쉬 마렵다 하 는 핑계로 빠져나가려는 아이도 있습니다. 하지만 충분히 진정되지 않았다면 더 안고 있으 세요. "엄마(아빠)는 우리 ○○ 마음 다 알아……" 하고 다정하게 속삭이면서요. 한 20분 정 도 이 자세를 유지하면 대개는 소동이 끝납니다.

- 언뜻 보면 아이가 지쳐 상황이 일단락된 것 같아도 사실은 부모가 끌어안으면서 아이 뇌에 서 진정 작용을 하는 옥시토신이 분비되었기 때문이에요. 이 자세는 벌이 아닌 진정시키기 위해서임을 명심해야 합니다. 그러려면 부모가 흥분해선 안 돼요. 부모 마음이 안정적이어 야 아이도 진정시킬 수 있습니다.

나는 민주적인 부모일까?

양육 방식은 크게 권위적·민주적·허용적, 이 세 방식으로 나뉩니다. 권위적인 부모는 많은 벌칙 과 엄격한 규칙으로 아이를 통제하며 절대 타협하지 않습니다. 이런 부모 밑에서 자란 아이는 늘 불안과 두려움을 느끼지요. 부모에게 순종적이지만, 스스로를 조절하는 힘을 기르지는 못합니다. 더 자라면 부모에게 반항하거나 폭력적인 성향을 드러내기도 합니다.

민주적인 부모는 엄격하게 원칙과 규칙은 적용하지만 아이를 두렵게 하진 않습니다. 공감하고 관 용을 베풀지만 무절제하게 키우진 않지요. 엄격하되 권위적이지 않고, 관대하되 무절제하진 않은 것이 바로 민주적인 훈육입니다.

허용적인 부모는 아이에게 안 된다는 말을 거의 하지 않고, 벌칙이나 규칙도 적용하지 않습니다. 관대한 부모 같지만, 권위가 전혀 없다는 점에서 방임에 더 가깝습니다. 이런 부모 밑에서 자란 아 이는 절제력을 배우지 못할 뿐 아니라 큰 혼란과 불안감을 느낍니다. 무엇이 안전하고 옳은지 아 무도 가르쳐주지 않기 때문입니다.

18~24
개월

배변 훈련

기저귀 떼기,
서두르지 않아야 성공해요

아이가 생후 18개월을 넘어서면서 기저귀 떼기를 준비하는 엄마들 많으시지요. 배변 훈련은 언제 시키느냐보다 어떻게 시작하느냐가 더 중요합니다. 아이는 아직 준비가 안 됐는데 욕심이 앞서 무리하게 시작하면 처음에는 곧잘 가리다가도 도루묵이 되기 십상이거든요. 심하면 변비나 배변 장애, 야뇨증이 오기도 하고요. 이런 부작용을 막으려면 아이 뇌가 충분히 준비될 때까지 기다렸다가 시작해야 합니다.

배변 훈련 시작 시기를 가늠하는 기준은 세 가지입니다. 첫째, 익숙하게 잘 걸어야 합니다. 뇌 신경이 근육을 조절하는 능력은 머리에서 다리 방향으로 발달합니다. 백일에 고개를 가누고, 생후 6개월쯤엔 허리에 힘이 생겨 혼자 앉고, 돌쯤에 걸음마를 뗀다는 사실을 떠올리면 이해가 쉬울 거예요. 아이가 혼자서 잘 걷는다는 것은 뇌신경이 근육 대부분을 원만하게 조절할 수 있다는 신호입니다. 다시 말해 방광과 괄약근을 조절하여 용변을 참았다가 적절한 때 배출할 수 있다는 뜻이지요. 둘째, 아이가 의사 표현을 할 줄 알아야 합니다. 말이 유창할 필요는 없지만, 용변 보고 싶을 때마다 사인을 보낼 정도는 되어야 해요. 셋째, 소변 간격이 두 시간 이상이고, 낮잠 잘 때는 기저귀를 거의 적시지 않아야 합니다. 또 대변 보는 시간이 일정하고, 밤에 대변을 거의 안 보는지도 살펴야 합니다.

일반적으로 이 세 조건을 충족시키는 때가 생후 18~24개월입니다. 만일 내 아이가 이 세 조건에 모두 해당한다면 지금 당장 배변 훈련을 시작해도 좋습니다. 하지만 몇 개월 일찍 시작한다고 배변 훈련을 빨리 끝내리라는 보장은 없습니다. 생후 18개월에 시작하나, 24개월에 시작하나 완료 시점은 비슷할 수 있다는 것이지요. 배변 훈련도 아이에겐 스트레스입니다. 일찍 시작할수록 스트레스는 더욱 커지게 마련이고요. 언제 시작해도 완료 시점이 비슷하다면 차라리 생후 24개월쯤 느긋하게 시작하라고 권하고 싶습니다. 그 편이 아이도 엄마도 스트레스를 덜 받을뿐더러 배변 훈련도 더 쉬워질 것입니다.

본격적인 배변 훈련을 시작하기 전에 아이가 변기에 친숙해질 기회를 주세요. 캐릭터가 그려진 전용 변기를 구입해 아이가 주로 생활하는 공간에 둡니다. 처음 얼마 동안은 의자처럼 쓰게 하는 거죠. 목욕 후 옷 입히기 전에 변기에 잠깐 앉혀보는 것도 좋고요. 처음부터 기저귀를 벗기고 생활하진 마세요. 집 안 여기저기 오물을 치우느라 스트레스가 극에 달하면 아이에게 짜증을 내기 쉽고, 아이도 배변 훈련을 두렵게 받아들여 기저귀 떼기가 더욱 힘들어지니까요. 당분간은 기저귀를 채운 채로 지내면서 아이가 배변을 보려는 기색이면 얼른 변기에 앉히는 연습을 합니다. 이때 변기를 들고 아이를 쫓아다녀서는 안 됩니다. 변기는 일정한 장소에 두어야 합니다. 아이가 두려워하지 않는, 밝고 개방적이고 쾌적한 장소가 좋겠지요. 화장실에 두었다면 아이가 변기에 앉아 있는 동안에는 절대 문을 닫지 마세요.

처음부터 변기에 용변을 볼 수 있는 아이는 없습니다. 대부분이 변기를 거부하고 자꾸만 내려오려 할 거예요. 그러면 그냥 기저귀에 배변하게 하세요. 변기에 앉아만 있고 배변을 못 하는 경우에도 마찬가지입니다. 아이를 비난하거나 실망하는 티를 내서는 안 됩니다. "아직은 변기에 응가하는 게 힘들지? 다음에 다시 해보자" 하고 따뜻하게 말해주세요.

다음 할 일은 이 과정의 무한 반복입니다. 실패하고, 실패하고 또 실패해야 하지요. 그렇다고 요령이 아주 없는 건 아닙니다. 인형으로 변기에 쉬 시키는 놀이를 하거나 배변 훈련을 다룬 그림책을 읽히면 도움이 됩니다. 부모나 손위 형제가 변기를 사용하는 모습을 보여주는 것도 좋고요. 기다리고 기다리면 드디어 변기에 대변이나 소변을 보는 날이 옵니다. 성공한 날에는 "와, 우리 ○○가 변기에 쉬를 했네. 정말 잘했다. 내일도 또 해보자!" 하는 식으로 크게 칭찬해주세요.

절반은 변기에, 절반은 기저귀에 배변하는 정도가 되면 이제 기저귀 대신 팬티를 입힙니다. 아무리 여름이라도 아랫도리를 벗긴 채로 두진 마세요. 팬티를 입혀야 세균 감염을 막을 수 있고, 팬티가 축축해진 느낌을 알아야 배변 훈련에도 도움이 됩니다. 벗기기 전에는 미리 마음의 준비를 해두는 게 좋을 거예요. 아차 하는 순간에 벌써 집 안 곳곳이 오줌 바다가 될 수 있으니까요. 일감이 느는 만큼 아이한테 화를 낼 위험도 커지지만 참아야 합니다. 여기서 화를 내면 그만큼 배변 훈련 기간이 길어진다는 걸 떠올리세요. "괜찮아. 다음에는 꼭 변기에다 하자"라고 다독이면서 엄마 마음도 다독여야 해요.

낮에 기저귀를 뗀 아이라도 밤에는 기저귀를 채워 재웁니다. 그래야 엄마도 아이도 안심하고 숙면을 취할 수 있으니까요. 아침에 일어났을 때 기저귀가 젖지 않았다면 아이를 충분히 칭찬해주세요. 이렇게 며칠째 기저귀가 보송한 채로 아침을 맞았다면 기저귀를 벗기고 팬티를 입혀 재워봅니다. 반복해 말씀드리지만, 실수하더라도 야단쳐서는 안 됩니다. 괜찮다고 위로해주고, 다음에는 꼭 변기에 누라고 말해줍니다. 실수를 덜 하게 하려면 물을 많이 마시지 않도록 저녁 식사는 싱겁게 조리하세요. 잠자리에 들기 한 시간 전부터 수분 섭취를 삼가게 하고, 자기 직전에는 반드시 소변을 보게 합니다.

아이마다 차이는 있지만, 대개 배변 훈련을 시작한 지 2~3개월이면 기저귀를 뗍니다. 밤에도 완벽하게 대소변을 가리기까지는 넉넉하게 1년 정도 잡아야 하고요. 기저귀를 뗐다고는 해도 간간이 실수를 합니다. 노는 데 정신이 팔리거나 스트레스를 심하게 받은 날이면 그럴 수 있으니 염려하지 않아도 됩니다.

만일 만 4세가 넘어서까지 배변 훈련을 끝내지 못했다면 발달 검사를 받아보길 권합니다. 대소변을 잘 가린 지 1년이 넘은 아이가 갑자기 며칠째 실수를 하는 경우에도 병원 진료를 받아보는 것이 좋습니다. 어린이집에 처음 가거나 환경이 급작스레 바뀌어 스트레스를 심하게 받으면 오줌을 못 가리게 되는 경우가 종종 있습니다. 요도 감염 등의 질병이 원인일 수도 있고요. 드물지만 대소변을 충분히 가릴 줄 알면서도 일부러 오줌을 싸는 아이도 있습니다. 기질적으로 까다로운 아이가 엄격하고 권위적인 부모에게 반항하기 위해 하는 행동이지요. 이런 경우라면 야단쳐봤자 역효과만 납니다. 아이 마음을 보듬어주고 감싸주어야지요. 부모 의지만으로는 해결하기 어려우니 소아정신과의 도움을 받길 권합니다.

배변 훈련을 시작하는 시기는 아이의 2차 감정이 발달하고 독립심이 커가는 시기와 일치합니다. 만일 엄마가 배변 훈련을 시키는 내내 아이를 야단치고 수치심과 열등감을 준다면 어떻게 될까요. 배변 훈련에 대한 반항과 거부가 심해져 기저귀를 떼기까지 시간이 더 걸리겠지요. 아이 사이는 더 악화될 테고, 그 결과 아이는 자존감과 자신감을 키우기는커녕 자아를 부정적으로 인식하게 될 것입니다.

명심하세요. 배변 훈련은 단지 기저귀를 떼는 훈련이 아닙니다. 스스로를 조절한다는 것이 어떤 느낌인지 깨닫고, 성취감과 자율성을 느끼게 하는 과정입니다. 그러니 서두르지 마세요. 화내거나 야단치지도 마세요. 그저 아이 속도에 맞춰 실수해도 괜찮다고 다독이고 보듬어주면 됩니다. 이게 바로 배변 훈련에 성공하는 가장 효과적이고 빠른 방법입니다.

안정된 애착을 형성한 아이가
말도 빨리 배워요

아이가 처음 부모를 부르던 날의 감동이 아직도 생생한데, 어느덧 하루가 다르게 말이 늘어만 갑니다. 이런 말은 또 언제 배웠는지 매 순간 감탄이 절로 나오지요. 앙증맞은 입술로 내뱉는 말 한마디, 한마디가 엄마 아빠를 들었다 놨다 합니다.

아이의 언어 발달 과정을 살펴보면 참 신통방통합니다. 연구에 따르면 아이는 태어날 때부터 언어와 소음을 구별하며, 외국어보다 모국어를 들을 때 젖을 더 힘차게 빤다고 합니다. 그뿐인가요. 외국어라고 다 같은 외국어가 아니라는 것도 압니다. 가령 일본어와 영어를 구별할 줄 안다는 거죠. 이쯤 되면 신통방통을 넘어 경이로움까지 느껴집니다. 자기 팔다리도 마음대로 움직이지 못하는 신생아가 어떻게 이런 놀라운 능력을 지녔을까요.

한때 학자들은 아이가 모방을 통해 단어와 문장을 '배운다'고 주장했습니다. 말을 제대로 해야 양육자에게 긍정적인 피드백을 얻기 때문에 열심히 말을 배운다는 거죠. 이 주장이 사실이려면 아이는 반드시 들어본 말만 할 수 있어야 합니다. 그런데 실제로는 그렇지 않지요. 부모가 아이에게 "밥 안 먹어"라는 말만 들려주어도 아이는 "안 밥 먹어"라는 문장을 만들곤 합니다. 어떻게 이럴 수 있을까요.

지구상 모든 언어는 문장으로 구성되고, 동일한 구성 성분을 사용하며, 법칙에 따라 단어의 순서가 정해지지요. 언어학자 노암 촘스키(Noam Chomsky)는 지구상 모든 언어가 이런 보편적인 문법을 갖고 있다는 점과 아이들이 한 번도 들어보지 못한 문장을 말할 수 있다는 점에서 아이 뇌에 이미 보편적인 문법 규칙이 있다고 주장했습니다. 다시 말해 언어는 인간의 본능이라는 것이지요. 아이는 언어를 배우기 적합한 뇌를 갖고 태어납니다. 건강한 아이가 시기적으로 적절한 때 언어에 노출되기만 하면 타고난 능력을 발달시켜 만 4세 전에 유창하게 말을 할 수 있지요.

아이 뇌가 언어를 배우도록 프로그래밍이 되었다는 과학적 증거는 많습니다. 윌리엄스 증후군이라는 희귀 유전 질환이 있습니다. 이 병에 걸린 아이들은 IQ가 50도 안 될 정도로 지능이 낮지만, 언어 능력만큼은 뛰어납니다. 만일 언어가 후천적으로만 학습된다면 지능이 낮은 윌리엄스 증후군 아이들은 말을 잘 배우지 못해야 할 텐데, 결과는 그렇지 않지요. 이는 학습 능력과는 별개로 언어를 배우는 프로그램이 아이 뇌에 따로 존재한다는 뜻입니다.

그렇다고 후천적인 언어 자극을 등한시해도 된다는 것은 아닙니다. 아이 뇌가 아무리 강력한 언어 본능을 갖고 있다 해도 실제로 말을 배우려면 특정 시기에 걸쳐 충분히 언어에 노출되어야 합니다. 그렇지 않으면 아이의 언어 신경망은 제대로 형성되지 않지요. 1800년 프랑스 아베롱에서 발견된 야생 소년 빅토르가 그 대표적인 예입니다. 12세까지 인간과 동떨어져 야생에서 자란 빅토르는 그에게 말을 가르치려는 수많은 시도에도 불구하고 40세에 세상을 뜰 때까지 겨우 두세 마디 말밖에 배우지 못했습니다. 언어 습득의 결정적 시기를 놓쳐버렸기 때문이지요.

그렇다면 언어 습득의 결정적 시기는 언제일까요? 미국 로체스터 대학 연구팀 이 미국으로 이민 온 한국인과 중국인들을 대상으로 조사한 결과, 7세에 이민 온 사람들이 문법적 오류를 잡아내는 능력이 가장 뛰어남을 알게 됐습니다. 나이가 많을수록 성적은 점점 낮아졌지요. 미국 체류 기간이나 혹은 교육 기간과 관계없이 이민 온 시기에 따라 문법 습득 능력이 달라졌던 것입니다. 이 연구를 통해 우리는 언어 습득의 결정적 시기가 7세 이전이라는 사실을 알 수 있습니다. 이 시기를 놓치면 단어는 어느 수준까지 습득이 가능해도 문법은 기초적인 수준도 익히기 힘듭니다.

7세 이전에 적절한 언어 자극에 노출되어야 말을 배울 수 있다는 것은 바꿔 말하면 건강한 아이가 상식적인 가정에서 자라면 큰 어려움 없이 모국어를 습득할 수 있다는 뜻이기도 합니다. 그런데 문제는 언어의 질입니다. 누구나 말은 할 줄 알지만, 어휘력이나 유창함에는 분명 개인차가 있지요. 도대체 이런 차이는 어디서 비롯될까요.

언어의 질에도 유전과 환경이 고루 영향을 미칩니다. 한 연구에 따르면 말하는 기술의 절반, 읽고 쓰는 기술의 20퍼센트 정도는 유전자의 영향을 받는다고 합니다. 남녀 성차의 영향도 무시할 수 없지요. 뒤에서 자세히 알아보겠지만, 여자아이는 남자아이보다 말문이 한두 달 먼저 트이고, 초등학교 입학할 무렵이 되면 읽고 쓰기에서 1년 정도 앞섭니다. 어른이 되어서도 여자가 남자보다 훨씬 유창하게 말하지요. 물론 이런 통계는 어디까지나 집단적인 차이일 뿐 모든 개인에게 적용되진 않습니다.

한편 언어 사용 환경도 언어의 질에 영향을 줍니다. 부모가 아이에게 말을 자주 걸고, 말에 민감하게 반응하면 그렇지 않은 경우보다 아이의 지능지수나 어휘력이 더 높다는 연구 결과가 있어요. 부모가 다양한 어휘를 사용하여 긴 문장을 구사하면 아이의 언어 능력이 더 빨리 발달한다는 조사도 있고요. 교양 있고 학력 높은 부모가 그렇지 않은 부모보다 양질의 언어 자극을 준다는 뜻이 아닙니다. 부모의 경제력이나 교육 수준이 아무리 높아도 아이에게 지시하고 명령하는 등 부정적으로 반응하면 언어 능력을 키워줄 수 없습니다.

바람직한 언어 자극이란 부모의 교양 수준보다 아이를 대하는 태도와 더 관련이 있습니다. 언어 습득 과정은 아이와 부모 사이에 오가는 미소와 스킨십으로 강화됩니다. 아무리 훌륭한 동영상 교재라도 엄마와 아이가 꼭 끌어안고 나누는 한두 마디 대화의 효력을 따라잡진 못합니다. 아이 두뇌 속의 언어 센터는 양육자와의 상호작용을 통해서만 발달하기 때문이지요.

아이에게 말을 건넬 땐 활기찬 고음으로 천천히, 또박또박 발음하세요. 아이 발음이 귀엽다고 흉내 내서는 안 됩니다. 아이 말을 사사건건 교정해서도 안 되고요. 그저 친절하게, 애정을 듬뿍 담아 말을 건네고, 말을 열심히 들어주면 됩니다. 그래도 무언가 부족하다 싶으면 책을 읽어주세요. 부모가 두 살배기 아이에게 매일 책을 읽어주면 그렇지 않은 경우보다 언어 능력이 뛰어나다는 연구 결과가 있어요.

어떤가요. 아이의 언어 능력을 향상시킨다는 방법치고는 지극히 평범하지요. 맞습니다. 아이에게는 따로 말을 가르칠 필요가 없어요. 그저 말을 걸기만 하면 아이 스스로 알아서 배우지요. 질 높은 언어 환경을 조성하라는 이야기도 결국에는 아이를 따뜻하게 대하고, 아이 말에 민감하게 반응하라는 정도에 불과하지요. 그런 의미에서 제가 '양육의 3대 원칙'으로 꼽는 CRS를 언어 습득에도 적용할 수 있겠네요. CRS란 C(consistency, 일관성), R(responsiveness, 반응 속도), S(sensitiveness, 민감성)의 약자입니다. 아기에게 일관적으로 빠르고 민감하게 반응하라는 것이지요. 이 원칙은 아이의 언어 능력을 향상시키는 기본입니다. 아이 말에 일관적으로 빠르고 민감하게 반응하는 것이야말로 아이에게 언어를 가르치는 가장 효과적인 방법입니다.
특히 생후 18~24개월 아이를 둔 엄마들의 주요한 고민이 바로 언어 문제입니다. 옆

집 아이와 비교해 말이 조금만 느려도 무슨 심각한 문제가 있는 건 아닌가 싶어 가슴이 철렁 내려앉지요. 그런데 고민 끝에 진료실에 찾아온 엄마들이 가장 많이 하는 말은 "저 때문인가요?"입니다. 아이가 말이 느린 것이 엄마 탓이냐는 질문입니다. 언어 습득에는 결정적 시기가 있어서 특정 시기에 충분한 언어 자극을 받지 못하면 말을 배울 수 없다든지, 엄마가 어떤 언어 자극을 주느냐에 따라 아이가 구사하는 언어의 질이 달라진다든지 하는 말들이 엄마를 불안하게 하는 것이지요.

엄마가 아이의 언어 발달에 영향을 미치는 것은 사실이지요. 타고난 언어 본능이 작동하려면 언어 자극이 반드시 필요하니까요. 건강한 아이는 상식적인 가정에서 자라면 자연히 말을 배웁니다. 이 말은 '상식적이지 못한 가정'에서라면 문제가 될 수도 있다는 뜻입니다. 엄마가 우울증이 심하다거나 하는 이유로 아이에게 말을 자주 건네지도, 민감하게 반응하지도 않는다면 아이의 언어 발달에 분명 빨간불이 켜지겠지요. 하지만 몸과 마음이 건강한 엄마가 아이의 언어 발달을 저해할 정도로 언어 자극을 주지 못하는 경우는 없습니다. 아이가 말이 느린 것이 전적으로 엄마 탓만은 아니라는 이야기입니다.
"어머님 잘못이 아닙니다." 저의 이 말 한마디에 눈물을 펑펑 쏟는 엄마들이 참 많습니다. 그간 마음고생이 얼마나 심했으면 생면부지인 제 앞에서 눈물을 다 보일까요. 모두가 다 엄마 탓이라고 비난할 때 전문가 입에서 엄마 탓이 아니라는 소리가 나오니, 큰 혹 하나가 떨어져 나간 듯 안도감이 찾아오기도 했을 것입니다.

아이가 말이 느리다면 누구 탓이냐 따지기 전에 걱정할 만한 일인지를 살펴봐야 할 거예요. 생후 18개월부터는 사용하는 어휘가 부쩍 늘면서 말문이 트이기 시작하지요. 하지만 개개인의 실제 시간표는 크게 다릅니다. 모든 아이에게 일괄적으로 적용할 수 있는 발달 시간표는 없어요. 걸음마가 조금 빠른 아이도 있고, 느린 아이도 있는 것처럼 말 배우는 속도도 각기 다르지요.

책만 잘 읽어줘도 언어 능력이 쑥쑥

아이는 책이 유용해서 좋아하는 게 아닙니다. 재미있으니 좋아하지요. 엄마와 끌어안고 눈 맞추고 신나게 놀 기회라서 자꾸만 책을 읽어달라고 조르는 것입니다. '언어 발달'이라 하면 부모는 말하는 능력, 즉 언어 표현력에만 주목하기 쉬운데, 사실 언어 발달 상태를 점검하는 가장 중요한 기준은 언어 이해력입니다.

생후 24개월까지는 말이 다소 늦어도 말을 잘 이해하기만 하면 걱정할 필요가 없습니다. 육아 서적에 생후 24개월이면 두 단어를 연결한 문장을 말할 시기라고 적혀 있어도 내 아이까지 반드시 그래야 하는 것은 아니에요. 만일 생후 24개월이 되었는데도 엄마 말조차 잘 이해하지 못하는 수준이라면 당연히 병원을 찾아 진료를 받아야겠지요. 이런 경우라면 언어 발달뿐 아니라 다른 발달 영역에서도 함께 문제가 나타날 것입니다.

그렇다면 책을 싫어하는 이유도 자명합니다. 부담을 주었거나 책 읽는 시간이 즐겁지 않기 때문이죠. 아이가 책 읽는 시간을 즐기게 하려면 아이에게 주도권을 주어야 합니다. 어떤 책을 얼마만큼 읽을지 전적으로 아이가 결정하게 하세요. 그래야 책에 흥미를 잃지 않습니다. 책을 읽어줄 땐 무릎에 앉히고 꼭 안아 줍니다. 따뜻한 스킨십이 책에 대한 좋은 인상을 남깁니다.

아이는 집중력이 짧으니 책을 읽어 줄 때도 요령이 필요합니다. 글자 그대로 읽지 말고 일상과 연결하여 내용을 확장해보세요. 지루해하면 적당히 넘어가기도 하고요. 의성어, 의태어를 보태거나 연기하는 톤으로 과장해서 읽어주면 더 좋아합니다. 아이가 책 내용에 반응하면 적극적으로 호응해주세요. 이 시기 언어 및 지능 발달에 영향을 미치는 것은 책 내용이 아니라 부모와의 상호 소통입니다.

18~24개월

두뇌
쑥쑥
놀이

나도 엄마처럼 할 수 있어요

인형 놀이

놀이 방법

이 시기에는 형태가 단순하고 폭신한 헝겊 인형이 적당합니다. 크기는 아이 품에 폭 안기는 정도가 좋고요. 이때는 인형의 종류를 가리지 않고 좋아하지만, 만 2세 이후에는 사람 인형에 대한 선호가 뚜렷하게 나타날 거예요. 부모도 아이가 좋아하는 인형에 애정을 가져주세요. 수선이나 세탁이 필요하면 미리 양해를 구하는 것도 잊지 말고요.

놀이 효과

생후 18개월 이전에는 인형을 물고 빨며 탐색하는 도구로 썼다면, 이제부터는 특별한 장난감으로 활용합니다. 인형에게 밥을 먹이는 흉내를 내는가 하면, 안아주거나 뽀뽀를 하는 등 애정 표현도 합니다. 잠자리에 눕거나 놀이터에 나갈 때도 함께하려 하지요. 이런 변화는 이 시기에 인지력과 상상력, 추상 능력이 발달하고 어른 흉내나 모방이 가능해지기 때문입니다. 또한 신체 조절 능력과 자아 개념이 커지면서 무언가를 돌보고 싶다는 욕구가 강해지기 때문이지요. 아이가 특정 인형에 지나치게 집착한다 해도 애정 결핍이나 정서 불안은 아니니 염려할 필요 없습니다. 인형은 아이에게 정서적인 위안을 줍니다. 아이가 인형에 집착한다고 해서 억지로 떼어놓기보다는 그 애정을 존중하고 인정해주는 것이 좋습니다.

머리 어깨 무릎

놀이 방법

"머리 어깨 무릎 발 무릎 발 / 머리 어깨 무릎 발 무릎 발 / 머리 어깨 발 무릎 발 / 머리 어깨 무릎 귀 코 귀." 아이와 함께 신나게 노래하면서 가사에 맞는 신체 부위를 만져보게 하세요. 처음에는 천천히 시작했다가 아이가 노래에 익숙해지고 제법 잘 따라 한다 싶으면 점점 빠르게 불러봅니다. 맨 마지막 가사를 '귀 코 입' 또는 '귀 코 코' 식으로 조금씩 바꿔 부르는 것도 재미있어요.

놀이 효과

"머리~ 어깨 무릎 발 무릎 발." 어떠세요. 벌써부터 노래가 흥얼흥얼 새어 나오고 어깨가 들썩거리지 않나요? 어릴 적 즐겨 불렀던 이 노래가 실은 최고의 두뇌 개발 프로그램입니다. 신체를 활발히 움직이게 하면서 어휘력 향상을 돕고 집중력까지 키우는 효과가 있거든요.

장난감계의 스테디셀러

블록 놀이

놀이 방법

쓰레받기에 블록 올려놓고 옮기기, 블록에 물감 묻혀 도장처럼 찍기, 눈 감은 채 블록 만져보고 똑같은 것 찾기, 번갈아가며 블록 쌓기, 같은 색깔이나 모양의 블록 찾기 등 아이와 함께 다양한 놀이를 즐겨보세요. 이 시기에는 단단하고 무게가 제법 있으면서 크기가 3~5센티미터 정도인 블록이 적당합니다. 쌓기보다는 끼우기 블록이 정교한 손동작을 연습할 수 있어 좋아요. 바퀴나 인형, 레일, 자석 등 부속품을 활용하면 호기심을 더욱 자극할 수 있습니다. 만일 아이가 블록 놀이를 좋아하지 않는다면 개수가 너무 많은 것은 아닌지 점검해보세요. 만 1세는 20개, 만 2세는 30~50개 정도가 적당합니다. 이보다 많으면 아이는 혼란스러워 오히려 흥미를 잃기 쉽습니다. 블록 놀이를 끝낸 뒤에는 정리하느라 힘 빼지 마세요. 어떤 엄마는 성격이 너무 깔끔해서 블록을 모양과 색깔별로 완벽하게 정리해놓아야 직성이 풀린다는데, 이러면 아이는 물론이고 엄마도 뒤처리가 부담스러워 블록을 그냥 모셔만 두게 됩니다. 놀이가 끝나면 커다란 통에 쓸어 담고 뚜껑도 그냥 열어두세요. 그래야 아이가 관심과 호기심을 잃지 않고 부담 없이 갖고 놀 수 있답니다.

놀이 효과

아이 키우는 집에 하나씩은 꼭 있는 장난감이 바로 블록이지요. 블록은 소근육을 발달시키고 상상력과 창의력, 인내력과 집중력을 기르는 데 효과적인 장난감입니다. 쓰기에 따라 수학 개념을 깨치고 언어 능력을 키우는 데도 도움이 되지요.
사실 저는 장난감을 활용한 놀이를 그다지 권하지 않습니다. 많은 부모들이 지능 개발 장난감은 아이 혼자 갖고 놀면 된다고 오해하기 때문이에요. 이 시기에 하는 놀이는 부모와의 상호작용이 무엇보다도 중요합니다. 아무리 신통방통한 장난감도 아이한테 던져주기만 해서는 아무런 효과가 없어요. 오히려 장난감의 효능만 믿고 아이를 방치하기 쉽다는 점에서 역효과가 난다고도 볼 수 있습니다. 블록 역시 좋은 장난감이지만, 부모가 함께 놀아줘야 효과적입니다. 아이와 함께 블록 놀이를 하면서 크기와 색깔, 모양에 대한 다양한 어휘를 사용하는 것도 중요합니다. 동그라미, 세모, 네모나 빨강, 파랑, 노랑, 길다, 짧다, 크다, 작다, 넓다, 좁다, 높다, 낮다 등 이런 어휘에 많이 노출될수록 공간지각 능력이 발달한다는 연구 결과도 있습니다.

그림책보다 더 재밌어요

가족 앨범 구경

놀이 방법

만 2세 무렵이면 "○○가 (할 거야)", "(이거) ○○ 거야" 식으로 자기 이름을 넣어 말할 수 있습니다. 남과 나의 구별이 확실해지는 이 시기에 아이와 재미있게 할 수 있는 놀이 중 하나가 바로 앨범 구경입니다. 가족과 아이 모습이 담긴 앨범을 함께 보면서 다양한 이야기를 나누어보세요.

우선 아이가 잘 기억할 수 있는 사진을 고릅니다. 친숙한 사람과 익숙한 장소에서 찍은 최근 사진으로 놀이를 시작하는 거죠. 예를 들면 일주일 전 아이 방에서 엄마와 찍은 사진 정도가 무난할 거예요. "이 사람이 누구야?", "여긴 어디지?" 집 안에서 찍었다면 사진 속 사물을 직접 찾아보게 하세요. "어? 이 곰 인형은 어디서 많이 본 것 같은데? ○○가 한번 찾아볼래?" 앨범은 10매 내외의 가볍고 작은 것으로 고릅니다. 그래야 아이가 내킬 때마다 책장에서 꺼내 오기 쉽겠지요.

최근 사진에 익숙해졌다 싶으면 예전 사진으로도 앨범을 만들어보세요. "이게 누구 같아? ○○가 엄마 뱃속에서 막 태어났을 때 찍은 거야." 갓난아기 때 사진을 보며 당시 엄마 아빠가 얼마나 기뻐했는지, 주변에서 얼마나 축복해주었는지 들려줍니다.

놀이 효과

더 자라면 이런 놀이를 했다는 것조차 기억하지 못하겠지만, 이런 충만하고 행복한 기억은 아이 두뇌에 남아 긍정적인 자아상을 형성하는 데 도움을 줍니다.

물병 볼링

놀이방법

빈 페트병으로 볼링 놀이를 즐겨보세요. 깨끗이 씻어 말린 페트병 열 개를 맨 앞줄에 한 개, 뒷줄에 두 개, 그 뒷줄에 세 개 식으로 줄 맞춰 세웁니다. 그런 다음 조금 떨어진 곳에서 장난감 공을 손으로 굴려 페트병을 맞히는 시범을 보인 뒤 쓰러진 개수를 큰 소리로 세어봅니다. "자, 봐라. 엄마(아빠)가 병을 몇 개나 쓰러뜨렸는지 세어볼까? 하나, 둘, 셋, 넷……. 모두 네 개구나. 다음에는 우리 ○○가 해볼까?" 이때 수 세기에 너무 욕심을 부리진 마세요. 아이가 수 개념을 익히려면 만 3세는 되어야 하니까요.

놀이효과

수 세기를 가르친다기보다 숫자에 노출시킨다는 기분으로 가볍게 해야 합니다. 아이가 손으로 공을 굴리는 데 익숙해지면 발로 차 물병을 쓰러뜨리는 놀이로 자연스레 옮겨갈 수 있습니다.

안에 뭐가 들었을까 알아맞혀요

가방 뒤지기

놀이 방법

가방이나 장바구니에 물건을 여러 개 집어넣습니다. 그런 다음 손으로 만져봐서 어떤 물건인지 알아맞히게 하는 거예요. 가방 안에 넣는 물건은 아이에게 친숙한 것이 좋겠지요. 부모가 먼저 시범을 보이면 아이가 더 잘 따라 할 수 있습니다. "가방 안에 뭐가 들었나, 엄마(아빠)가 먼저 맞혀볼까? 어디 보자, 폭신폭신하고 따뜻하네. 귀랑 팔 같은 것도 만져지고……. 곰 인형 같은데? 어디 꺼내보자. 곰 인형이 맞네!" 그런 다음 아이에게도 맞힐 기회를 주세요. 아이가 물건을 고르고 만지는 동안 "말랑말랑하니? 딱딱하니? 차갑니? 따뜻하니?" 식으로 질문을 던지고, 아이가 단어 하나를 말하면 문장으로 완성시켜주세요.

놀이 효과

생후 18개월 이후로는 사물이나 사람이 눈에 보이지 않아도 존재한다는 사실을 점차 알게 됩니다. 이런 추상 능력을 키워주는 놀이 중 하나가 바로 가방 뒤지기 놀이입니다. 부모가 다양한 어휘를 사용하여 감각을 표현하면 아이에게 언어 자극을 줄 수 있어 좋습니다.

마주 앉아 공 굴리기

놀이방법

아이와 조금 거리를 두고 마주 앉습니다. 다리는 쭉 뻗어 벌린 자세로요. 그런 다음 푹신푹신한 공을 아이 다리 사이로 굴려줍니다. 아이가 공을 잡으면 상대방을 향해 굴려보라고 하세요. 이런 식으로 공을 주거니 받거니 굴리는 놀이입니다.

놀이효과

참 간단한 놀이이지만, 효과는 만만치 않아요. 아이는 공을 굴리면서 집중력과 신체 조절 능력을 키웁니다. 또 공을 굴리는 동작과 공이 굴러가는 현상의 인과관계를 익히고, 자기 행동의 결과를 곧바로 확인할 수 있지요. 무엇보다 타인과의 상호작용을 강화하는 놀이라는 점에서 좋습니다. 서로 반응해야 놀이가 계속될 수 있기 때문에 부모와의 애착 형성, 사회성 발달에 도움이 돼요. 풍선 불어 서로 튀기기, 비눗방울 잡기 등도 이와 비슷한 효과를 내는 놀이입니다.

이럴 땐 이렇게 하세요

상황별 육아 Q&A

Q. 아들이 자꾸만 성기를 만지작거려요.

A. 성기를 만지는 행동이 반드시 성적인 의미를 갖지는 않아요. 발가락이나 배꼽을 만지작거리는 것처럼 호기심에서 나온 탐색 활동인 경우가 더 많습니다. 그러니 너무 걱정하거나 야단치지 마세요. 그럴 수도 있다고 자연스럽게 받아들이는 것이 좋습니다.

물론 성기를 만지작거리면서 즐거움을 느끼는 경우도 있어요. 이럴 땐 아이가 스트레스를 받거나 불안하거나 심심하지는 않은지 살펴야 합니다. 아이는 성기를 만지는 것보다 부모와 놀거나 주변을 탐색하는 데서 더 큰 즐거움을 느끼기 마련입니다. 유난히 성기를 만지는 데 집착한다면 즐거움이나 위안을 줄 만한 활동이 부족하다는 뜻이겠지요. 야단치거나 억지로 못 하게 하면 불안감이 더 커질 수 있어요. 오히려 따뜻하게 보살피고 감싸주어야 합니다. 더 많은 시간을 함께하면서 아이가 불안하거나 심심하지 않게 배려해주세요. 아이가 구체적인 성행위를 연상시키는 행동을 하는 경우라면 성적 학대를 받았거나 자극적인 매체를 접한 것이 원인일 수 있습니다. 부모가 해결하기에는 어려우니 이럴 때는 소아정신과의 도움을 받으세요.

Q. 담요에 심하게 집착해요.

A. 아이가 이불이나 담요, 수건, 인형 등에서 위안을 구하는 것은 당연한 발달 과정이에요. 엄마가 늘 함께 있을 수는 없으니 아이가 그 대체물을 찾는 것이지요. 하지만 물건에 유난히 집착하는 경우라면 엄마의 관심과 애정이 더 많이 필요하다는 신호일 수 있습니다. 물건을 억지로 빼앗으면 오히려 집착이 더 강해질 수 있어요. 물건에 쏟는 집착과 관심이 자연스레 엄마에게 향하도록 더 많이 놀아주고 관심을 기울여

주세요.

Q. 엄마를 자꾸 깨물어요.

A. 다른 사람을 깨무는 행동을 공격적이라고 받아들이지 마세요. 그보다는 스트레스나 불안감, 좌절감을 해소하려는 행동으로 봐야 해요. 야단치거나 윽박지르면 아이가 더 불안해져 버릇을 고칠 수 없습니다. 어떤 부모는 얼마나 아픈지 깨닫게 한답시고 덩달아 아이를 깨물기도 하는데, 이것도 좋은 방법은 아닙니다. 이 시기 아이에게 역지사지를 기대하는 것은 무리거든요.

일단은 어떤 상황에서 깨무는 버릇이 나오는지 살펴야 해요. 가능하면 아이를 그런 상황에 두지 말아야 하고, 피할 수 없다면 아이가 스트레스나 불안을 느끼지 않도록 배려해야 합니다. 아이가 누군가를 깨물기 시작하면 뒤에서 꽉 끌어안으세요. 앞에서 크게 흥분한 아이를 진정시키는 방법을 소개했었지요. 바로 그 방법을 여기서도 활용하는 겁니다. 아이를 뒤에서 압박한다는 느낌으로 끌어안고 다정한 목소리로 말해주세요. "우리 ○○가 화가 많이 났구나. 하지만 화난다고 다른 사람을 깨물면 안 돼." 아이가 진정하는 기색이면 압박을 풀어주고 마음을 다독여줍니다.

Q. 상호작용할 때 눈을 잘 안 마주쳐. 사회성 지연일까요?

A. 모든 아이가 눈을 자주 맞추는 것은 아닙니다. 어른보다 시각 자극에 민감한 아기일수록 눈을 피하는 경우도 있어요. 중요한 것은 편안할 때 어떤 방식으로 소통하는지, 관심 있는 활동에서 엄마를 찾는지, 비언어적 신호에 반응하는지를 함께 관찰하는 것입니다. 단순히 '눈 맞춤'만으로 판단하지 마세요. 전반적인 사회적 반응성과 상호작용의 질이 더 중요한 기준입니다.

Q. 아이가 혼자 노는 것을 좋아해요.

A. 18~24개월은 '평행놀이' 시기로, 또래와 직접 상호작용하지 않아도 자연스러운 발

달 단계입니다. 옆에서 비슷한 장난감을 가지고 놀거나 소리로 반응하는 것만으로도 사회성은 자라고 있어요. 억지로 친구와 놀게 하기보다는 아이가 편안한 상황에서 관찰과 흥미를 유도해주세요. 함께 있는 경험이 반복되면 서서히 상호작용의 싹이 트입니다.

24~31개월

평생 가는
좋은 습관을
몸에 익혀요

24~31개월

발달 특징 :

운동 능력과 언어 능력이 쑥쑥 발달해요

1 끊임없이 몸을 움직이는 시기입니다. 오래간만에 몸으로 놀아주겠다고 나섰다가 아이 체력을 감당 못 하고 부모가 먼저 나가떨어질 정도지요. 이 시기의 아이들은 다른 사람에게 쫓기는 놀이를 좋아합니다. 한창 신체 조절 능력이 향상되는 때라 몸을 마음먹은 대로, 민첩하게 움직이는 놀이를 즐기는 거죠. 하루에 한두 시간 정도 놀이터나 공원을 찾아 에너지를 발산할 기회를 주는 것이 좋습니다.

2 운동 능력이 발달하여 세발자전거를 배울 수 있습니다. 발끝이나 한 발로 설수 있고 문턱을 한 발로 뛰어넘을 수 있습니다. 손가락이나 손목의 움직임 역시 한층 정교해집니다. 이로 인해 병뚜껑 열고 닫기, 문고리 돌려 열기, 구겨진 종이 펼치기 등을 할 수 있습니다. 정육면체 블록을 넘어뜨리지 않고 여섯 개정도 쌓을 수 있습니다. 숟가락질도 능숙해지지요.

3　투정이나 변덕은 여전히 심하고, 꾸중을 들으면 죄의식을 느끼거나 토라집니다. 옷을 한 종류만 고집하거나 부모가 권하는 것은 입지 않으려 해서 외출 때마다 힘들게 하는 아이도 있습니다. 또한 친구가 필요한 시기이기도 합니다. 아직은 함께 놀지 못하고, 각자 노는 수준이지만 친구를 의식하고 조금씩 참견하면서 친구의 개념을 만들어갈 수 있습니다.

4　인지 능력 역시 발달하여 사물의 공통점과 차이점을 발견하고 분류할 줄 압니다. 현관에서 신발을 정리하거나 양말을 건조대에 널면서 짝을 찾고 분류하는 연습을 시킬 수 있어요. 언어 능력은 이 시기에도 가파르게 향상합니다. 이제 아이는 서너 개의 단어로 이루어진 문장을 구사할 수 있습니다. 자기 말만 열심히 하는 게 아니라 어른이 말하는 것에도 관심을 보입니다. "왜?"라는 질문을 시작하며 단어와 그 단어가 지칭하는 물체의 기능을 연결 지어 사고할 수 있습니다. 예를 들면 "할머니 댁에 뭐 타고 가?"라고 아이에게 물으면 "자동차"라고 대답할 수 있지요. 색깔 이름 한두 가지를 정확하게 말하기도 합니다. 신체를 지칭하는 단어와 가족끼리의 호칭을 인지합니다. 말귀를 거의 알아들어서 간단한 심부름 정도는 충분히 합니다.

우리 아이의 사회성·언어 발달을 체크해보세요

사회성 발달과 언어 발달은 밀접한 관련이 있습니다. 가령 부모 말에 대답을 잘 못한다는 것은 언어 발달의 적신호일 수도 있지만, 상대에게 반응하고자 하는 의지나 욕구가 적다는 의미일 수도 있습니다. 특히 상대방이 말하는데 관심이 없고 자기 하고 싶은 말만 하거나, 질문이나 지시에 답하거나 따르지 않고 앵무새처럼 따라 말하기만 하는 아이라면 사회성 발달에 문제가 있을 가능성이 큽니다.

- 사물의 기능을 묻는 질문에 잘 대답하나요? ··· ☐
  "잠잘 때 무얼 덮지?", "놀이터 나갈 때 무얼 신지?"

- 몸짓이나 눈짓을 하지 않고 말로만 지시할 때 그대로 따를 수 있나요? ··· ☐
  "이거 휴지통에 버리고 와.", "리모컨 갖고 와."

- 장소를 묻는 질문에 잘 대답하나요? ··· ☐
  "곰 인형이 어디 있지?", "언니 어디 갔지?"

- 신체 부위를 지칭하는 단어를 제대로 인지하고 있나요? ··· ☐
  "○○ 손은 어디 있니?", "○○ 발 좀 보여줄래?"

- 과거 시제를 사용하나요? ··· ☐
  "아빠 갔어.", "과자 먹었어."

- 세 단어를 결합한 의문문을 사용하나요? ··· ☐
  "아빠 어디 가?", "인형 어디 있어?"

- 형용사를 포함한 세 단어로 문장을 구사할 줄 아나요? ··· ☐
  "예쁜 치마 입을래.", "큰 인형이 좋아."

24~31
개월

아이의 평생 건강과 두뇌 발달,
좋은 식습관에 달려 있습니다

음식은 풍족해도 잘 먹이기는 어려운 시대입니다. 안전하고 영양이 풍부한 음식을 먹여야 한다는 건 알지만, 값싸고 간편한 인스턴트식품과 배달 음식의 유혹에 흔들리기 쉽지요. 아마도 맞벌이 부모라면 더욱 그럴 것입니다. 이유식 먹일 때와는 달리 아이가 어른과 같은 식사를 하게 되자 조금 느슨해지기도 했을 테고요.

당연한 얘기지만, 아이가 먹는 음식은 뇌 발달에 직접적으로 영향을 줍니다. 단적인 예를 하나 들어볼까요. 무심코 입에 물리는 사탕 하나로 아이 성격이 달라질 수도 있습니다. 단 음식을 먹으면 기분이 들뜨고 기운이 나는 것만 같죠. 사탕이나 빵, 과자, 탄산음료 등에 들어 있는 단순당 성분이 뇌에 포도당을 빠르게 공급하기 때문입니다. 하지만 급격하게 상승한 에너지는 급격하게 하락하기 마련입니다. 높아진 혈당량을 적정 수치로 되돌리기 위해 인슐린이 분비되면 이번에는 혈당이 뚝 떨어지면서 급격한 기분 저하와 피로, 불안감이 찾아옵니다.

이렇게 뇌에 포도당 성분이 빠르게 공급되었다가 급격하게 떨어지는 일이 반복되면 아이 기분도 롤러코스터처럼 좋아졌다 나빠졌다 할 수밖에 없습니다. 아이가 감정 기복이 심하고 짜증을 잘 내는 성격이라면 평소 단 음식을 많이 먹이지 않는지 점검해보세요. 어쩌다 기분 전환 삼아 사탕 한 알 물리는 정도야 괜찮겠지요. 하지만 떼 부리는 아이를 달래려고 습관적으로 단것을 먹여왔다면 이제부터라도 조금씩 줄여가야 합니다.

뇌에 해로운 음식이 있다면 이로운 음식도 있겠지요. 그렇다고 유독 뇌에만 좋은 음식이 따로 있는 것은 아닙니다. 상식적으로 몸에 좋은 음식이면 뇌에도 좋아요. 무엇보다도 영양을 고루 섭취하는 게 중요합니다. 뇌는 생후 3년 동안 왕성하게 발달합니다. 뇌에서 새로운 신경망을 끊임없이 만들어내는 시기인 만큼 비타민, 미네랄, 지방, 단백질이 풍부한 음식을 고루 섭취해야 합니다.

이 영양소들이 실제로 뇌에 어떤 역할을 하는지 잠깐 짚어볼까요. 단백질을 섭취하면 우리 몸에서 아미노산으로 분해되는데, 뇌는 이 아미노산을 이용해 새로운 신경 회로와 신경전달물질을 만들어냅니다. 지방은 뇌의 60퍼센트 이상을 구성하는 영양소입니다. 지방이라고 몸에 무조건 해롭지 않아요. 뇌의 세포막을 이루는 주요 성분이 바로 필수지방산이지요. 아이가 하루에 섭취하는 칼로리의 30~50퍼센트 정도를 좋은 지방으로 채워주세요. 유제품이나 생선, 달걀, 견과류 등이 건강하고 좋은 지방입니다. 이런 식품을 섭취하면 세포막이 유연하게 유지되어 기능이 원활해집니다. 반면 포화지방이나 트랜스지방 같은 나쁜 지방은 좋은 영양분을 흡수하는 뇌세포 기능을 떨어뜨리니 되도록 안 먹이는 것이 좋겠지요.

비타민과 미네랄은 뇌세포를 보호하고 수초를 생산하는 데 중요한 역할을 합니다. 뇌세포가 산소를 확보하고, 아미노산을 신경 전달 물질로 바꾸는 데도 꼭 필요한 영양소입니다. 그렇다고 비타민 보충제를 먹일 필요까진 없어요. 반찬을 고루 먹고 채소와 과일을 충분히 섭취하면 하루 필요량은 자연스레 채워지니까요.

단백질, 지방, 비타민과 미네랄이 뇌 기능에 미치는 영향은 알겠는데, 구체적으로 어떻게 먹여야 하느냐고요? 사실 매 끼니를 영양 성분 하나하나 따져가며 먹여야 한다면 부모가 신경쇠약에 걸릴지도 모릅니다. 두루뭉술하게 이런 목표를 세워보면 어떨까요. '상식적으로 몸에 해롭다고 알려진 음식은 피하고, 골고루 적당량 먹이자!' 너무 쉬운 목표라고요? 아닙니다. 아이가 밥을 잘 안 먹는다거나 시간이 없다는 이유로 밥 대신 빵 한 조각, 우유 한 잔으로 아침을 대신하는 집이 많습니다. 어쨌든 아침밥을 굶기진 않았다고 만족할 일이 아닙니다. 설탕과 트랜스지방으로 채워진 이런 불균형한 식단이 뇌 건강에 좋을 리 없으니까요. 어떤 간식도 잡곡밥과 다양한 반찬으로 이루어진 밥상을 대신할 수 없습니다. 적당량을 고루 먹이자는 것은 바로 이런 의미입니다.

아침 식사 말이 나온 김에 몇 마디 덧붙일까 합니다. 요즘 아침밥도 못 먹고 등원하는 아이들이 많다고 합니다. 인터넷 육아 카페에도 등원하는 아이에게 꼭 아침밥을 먹여야 하느냐는 상담 글이 심심찮게 보입니다. 네, 아침밥은 꼭 먹여야 합니다. 아이 뇌는 종일 활동하기 때문에 엄청난 에너지가 필요합니다. 특히 아침 식사는 오전에 필요한 에너지를 확보하고 두뇌 활동을 촉진하는 역할을 하지요. 아침 식사를 거르면 뇌에서는 최소한의 에너지만을 쓰기로 결정합니다. 당연히 집중력과 사고력이 떨어지고 쉽게 피곤해지며 작은 일에도 짜증이 날 수밖에요. 아침 식사는 뇌를 위한 식사라는 말이 괜히 있는 것이 아닙니다. 요즘 같은 영양 과잉 시대에 한 끼 정도야 하고 우습게 넘겨서는 안 됩니다.

물론 부모들 마음을 모르지 않습니다. 오죽하면 아침밥을 다 굶겨 보내겠어요. 늦잠 자는 아이를 간신히 깨워 고양이 세수나마 시키고 옷 입히면 등원 시간이 훌쩍 지나 있기 일쑤지요. 아침 밥상을 차려주면 뭐하나요. 밥 한 숟가락을 씹지 않고 5분째 물고 있는 아이를 보면 복장이 터집니다. 맞벌이 부모라면 이런 아이를 기다려줄 여유가 더욱 없지요. 그러니 어린이집에서 먹일 오전 간식이 아침 식사를 충분히 대신할 거라고 스스로를 위로하며 아이를 공복인 채로 등원 버스에 태울 수밖에 없지요. 아직 어린이집에 보낼 때가 아니라 실감이 안 나시나요. 남의 집 이야기가 아니라 우리 집에도 곧 닥칠 일입니다.

결국 중요한 것은 식습관입니다. 부모가 아무리 5대 영양소가 고루 채워진 밥상을 정성껏 차려줘도 아이가 편식을 하거나 입이 짧거나 식습관이 엉망이면 도루묵입니다. 사실 만 3세 이하 아이를 키우는 부모의 가장 큰 고민은 '무얼 먹일까'가 아니라 '어떻게 먹일까'일 것입니다. 생후 30개월 정도면 어금니 네 개를 포함해 유치 스무 개가 전부 나오고 어른과 거의 같은 식사를 할 때입니다. 그런데도 식습관은 제대로 잡히지 않고 고집마저 세져서 밥 한 끼 먹이기가 전쟁 같습니다.

밥 잘 안 먹기, 밥 한 숟가락을 5분 넘게 물고만 있기, 편식하기……. 부모들 피 말리는 이런 버릇을 말끔하게 고치려면 어떻게 해야 할까요. 다들 이미 정답을 알고 있습니다. 수많은 전문가가 하나같이 하는 충고가 있잖아요. 안 먹으면 굶기라고요. 배고프면 알아서 먹을 거라고요. 그런데도 부모는 이 말을 따를 수가 없습니다. 아이가 안 먹는 걸 그냥 두고 보기가 불편하기 때문이지요. 하지만 제 해법도 이와 다르지 않습니다. 아이가 음식을 거부하면 강요하지 마세요. 배가 안 고프니 안 먹는 거려니, 생각하세요. 아이 뒤를 졸졸 쫓아다니면서 한 입만 먹자, 이거 먹으면 뭐 해줄게 하면서 아이를 부모 머리 꼭대기에 올려놓아서는 안 됩니다.

아이가 밥을 안 먹는 데는 이유가 있습니다. 아무리 입이 짧고 식욕이 적어도 안 먹으면 배가 고프게 마련이거든요. 밥을 안 먹는다는 건 끼니 말고 다른 무언가를 먹는다는 뜻입니다. 간식 때문에 배가 안 고파 밥을 안 먹고, 밥을 안 먹었으니 또 간식을 먹고, 그러면 배가 안 고파져 또 밥을 안 먹고……. 이런 악순환이 계속되는 거죠.

제가 아는 어떤 엄마는 아이가 밥을 잘 안 먹어 고민이라면서 쉴 새 없이 과자와 빵, 과일을 먹이고 있었습니다. 그러니 정작 끼니때가 되면 밥을 안 먹을 수밖에요. 간식이란 어디까지나 끼니 사이에 먹이는 간단한 음식입니다. 간식을 아예 먹이지 말란 소리가 아닙니다. 아이는 위 크기가 작아 한 번에 많이 먹을 수 없고, 에너지도 쉬이 고갈되므로 식사 중간에 간식을 먹일 필요가 있습니다. 단, 간식의 양이나 칼로리가 지나쳐 식사를 못 할 정도가 되어서는 안 된다는 말입니다. 앞에서 말씀드렸다시피 아무리 좋은 간식이라도 영양 면에서 식사를 대신할 순 없어요.

✯✫✯ 모두에게 즐거운 식사 시간이 되려면

아이가 밥을 잘 안 먹으면 억지로 강요하거나 야단치지 마세요. 밥 먹는 시간은 즐겁고 행복해야 합니다. 삼시 세끼가 짜증과 꾸중, 협박과 애원으로 채워지면 어른이라도 식욕을 잃을 거예요. 감정의 뇌가 불안이나 두려움, 분노 등으로 흥분하면 식욕은 더 떨어지게 마련입니다. 그러니 안 먹는 아이를 야단치지 말고 침착하고 친절하게 말해줍니다. "시계 긴 바늘이 여기 올 때까지 밥 안 먹으면 그냥 밥상 치울 거야"라는 식으로 말한 뒤 20분쯤 후에는 약속대로 밥상을 치우세요. 그다음이 중요합니다. 밥을 제대로 먹지 않았으니 아이는 분명 간식을 찾을 거예요. 하지만 다음 끼니때까지 아무것도 먹이지 마세요. 안 먹는 아이를 보는 것도 힘들지만, 먹겠다는 아이를 굶기는 것도 참 힘들어요. 하지만 굳게 마음먹고 견뎌보세요. 다음 끼니때는 밥 잘 먹는 아이를 보게 될 테니까요. 딱 하루만 이렇게 해보면 잘 안 먹거나 느리게 먹거나 밥을 입에 물고만 있는 버릇은 대개 고쳐집니다.

돌아다니면서 밥 먹는 아이도 마찬가지예요. 마음은 졸졸 쫓아다녀서라도 먹이고 싶겠지만, 바른 식습관을 잡아주려면 그래서는 안 됩니다. 식사는 한자리에 앉아서 해야 한다고 가르쳐주고, 20분 후에는 무조건 그릇을 치우겠다고 경고하세요. 물론 말 한마디에 버릇을 싹 고치는 아이는 없겠지요. 분명 평소처럼 자리에서 일어나 돌아다닐 것입니다. 부모의 특급 배달 서비스를 기대하면서요. 하지만 아이를 야단치거나 숟가락 들고 쫓아다니지 않는다면, 게다가 20분 후 정확하게 그릇이 치워진다면 다음 식사 때 아이는 분명 달라집니다.

음식을 던지거나 장난감처럼 갖고 노는 아이라면 어떻게 해야 할까요. 야단 치고 잔소리하는 것보다 일관성 있고 단호한 대처가 효과적입니다. "음식은 먹는 거지 장난치는 게 아니란다. 너는 지금 배가 안 고픈 것 같으니 식탁을 치울 거야"라고 말한 뒤 곧바로 식탁을 치우는 거죠. 물론 다음 끼니때까지 아무것도 먹이지 않아야 합니다.

밥 잘 먹는 아이로 만들기 위해 부모가 신경 써야 할 게 또 있습니다. 식사는 반드시 아이 손으로 하게 하세요. 시간 없다고, 잘 안 먹는다고, 지저분하게 흘리고 먹는다고 떠먹여주다간 식습관뿐 아니라 전반적인 생활 습관도 나빠집니다. 아이 손으로 식사하다 보면 흘리기도 하고, 엎기도 하고, 옷도 버리게 마련입니다. 이게 다 일감이라 부담스럽고 한숨도 나겠지만, 훗날을 생각하면 그냥 두는 게 상책입니다. 시행착오 없는 성공이 어디 있겠어요. 흘리고 엎고 쏟아봐야 숟가락질하는 법을 배우겠지요. 주변 더러워지는 게 보기 싫어 떠먹여주다간 초등학교 보낼 무렵, 아니 당장 어린이집 보낼 무렵만 되어도 아이 생활 습관이 안 잡혀 뼈저리게 후회합니다. 저는 아이가 흘리면서 밥 먹는 모습을 참견하지도 야단치지도 않고 느긋하게 웃으며 바라보는 부모가 그렇게 존경스러울 수가 없더라고요. 타고나길 느긋한 성품이라면 모르겠지만, 예민한 사람이 그렇게 되기까지는 자신을 얼마나 연단했겠어요.

식습관을 바로잡는 방법 또 하나는 물 말아 먹이지 않는 것입니다. 아이가 밥을 잘 안 먹으면 먹기 쉽게 하려고 물에 말아 훌훌 마시게 하는 경우가 종종 있지요. 하지만 식습관을 바로잡아야 하는 시기에 밥을 물이나 국에 말아 먹게 하면 꼭꼭 씹어 먹는 연습을 시킬 수 없습니다. 음식을 꼭꼭 씹어 먹으라는 건 소화와 흡수를 돕기 위해서만은 아닙니다. 음식을 잘 씹어야 맛을 음미하고 식사를 즐길 수 있어요. 음식물을 씹는 행위, 즉 저작 활동은 뇌 발달과도 밀접한 관련이 있습니다. 치아와 뇌 사이에는 말초신경과 중추신경을 연결하는 신경망이 있어서 음식을 꼭꼭 씹으면 뇌로 가는 혈류량이 늘어나고 뇌가 활성화됩니다. 두뇌 자극은 이처럼 일상의 사소하고 작은 습관에서 시작되지요.

아이 식습관을 바로잡기 위해 제가 가장 강조하고 싶은 것은 바로 가족과의 식사입니다. 요즘은 너나없이 다들 바쁜 시대라 식구가 한자리에 모여 밥 한 끼 먹기도 쉽지가 않습니다. 제가 어릴 때만 해도 조부모부터 형제자매까지 다들 한 밥상에 둘러 앉아 저녁을 먹었지요. 어른보다 먼저 숟가락을 들거나 밥을 남기면 엄하게 꾸지람을 들었고, 형제자매와 소시지 한 쪽을 두고 젓가락 싸움을 벌이거나 맛있는 반찬만 줄기차게 먹어대도 불호령이 떨어졌습니다. 어른들과 손위 형제가 나누는 대화를 들으며 학교나 골목을 벗어난 더 넓은 세상이 있다는 것도 자연스레 배웠습니다. 그 시절 밥상머리는 그야말로 가정교육의 장이었습니다.

미네소타 대학에서 실시한 연구 결과는 이러한 밥상머리 교육의 효과를 잘 보여줍니다. 가족과 함께 식사하는 10대는 마약 복용, 자살 시도, 폭력 문제 등을 덜 일으킨다고 합니다. 또 과일과 채소, 칼슘이 풍부한 음식, 섬유소 등을 더 많이 섭취하고 탄산음료 등은 덜 먹었다고 합니다. 일본에서도 이와 비슷한 연구 결과가 있어요. 가족과 자주 식사하는 아이는 편식을 안 하고 스트레스 지수가 낮다는 것입니다.
왜 이런 결과가 나온 걸까요. 식구가 함께 밥을 먹는다는 건 영양 공급, 그 이상의 의미입니다. 서로 대화하고 배려하고 추억을 공유하며 가족 간의 유대감을 쌓는다는 뜻이지요. 친근한 사람과 밥을 먹으면 옥시토신 분비가 왕성해지면서 편안함과 만족감을 느끼게 됩니다. 가족과의 식사는 배만 채우는 게 아니라 정서를 채우는, 다시 말해 심리적 포만감을 느끼는 경험이라는 것이지요.
그뿐인가요. 아이는 식탁에서 오가는 대화를 들으며 고급 어휘와 어려운 주제를 접하고 문제 해결 방식을 배웁니다. 하버드 대학에서 가족과의 식사가 미취학 아동의 언어 습득 능력에 어떤 영향을 미치는지 조사했습니다. 그랬더니 부모의 소득 및 교육 수준보다 가족과의 식사 횟수가 아이 언어 능력에 더 큰 영향을 미친다는 결과가 나왔습니다. 연구진은 그 이유에 대해 다양한 연령대의 식구가 모여 다양한 주제의 대화를 주고받으면서 또래와의 대화에서는 접하지 못하는 수준 높은 어휘와 문장을 대하기 때문이라고 설명합니다.

오늘날 한국인의 고단한 삶을 대변하는 단어 하나가 바로 '저녁 없는 삶'이지요. 매일같이 반복되는 야근과 회식 때문에 가족과 보내는 저녁은 사라진 지 오래입니다. 그러다 보니 부모 없이 혼자 식사하는 아이도 점차 늘고 있다고 합니다. 힘들겠지만 조금씩 달라질 때입니다. 평일 하루와 주말 이틀 정도는 무슨 일이 있어도 온 가족이 모여 식사하기로 약속해보세요. 가족이 식탁에 둘러앉아 도란도란 이야기를 나누면서 아이가 어떤 반찬을 집는지, 밥은 꼭꼭 씹어 먹는지 살펴보세요. 오늘 하루 어땠는지 서로 물어도 보고, 부부끼리 집안일도 의논하세요.

아이가 알아듣든 아니든 식탁에서 오가는 대화는 모두 소중합니다. 이런 식탁을 경험한 아이는 평생 좋은 식습관을 유지할 뿐 아니라 공감하고 배려할 줄 아는 사람, 문제 해결 능력이 탁월한 사람으로 자랍니다. 돈이나 품이 많이 들지도 않습니다. 단지 일주일에 세 번, 가족과 저녁 식탁에 마주 앉는 것만으로도 아이의 인생이 달라집니다.

까다로운 기질의 아이 밥 잘 먹이는 팁

1. 아이용 식판을 쓰지 마세요. 까다로운 아이는 식판에 담긴 음식을 다 먹어야 한다는 부담감에 식욕을 잃을 수도 있어요. 또 식판에 아이 반찬 위주로만 담게 되어 어른이 먹는 반찬을 맛볼 기회가 없어지고 편식을 하게 될 가능성도 있습니다.

2. 아이 밥은 조금만 주세요. 밥을 많이 주면 부담을 느끼거나 밥을 갖고 장난을 칠 수 있어요.

3. 더 먹으라거나 특정 음식을 먹으라고 강요하지 마세요. 먹는 것만큼은 아이의 의지를 존중해 주어야 합니다.

4. "심부름 잘 하면 과자 줄게"라는 식으로 음식을 보상 수단으로 이용하지 마세요.

5. 아이가 음식을 거부한다고 다시 요리하지 마세요. 정해진 시간이 지나면 식탁을 치우고 간식 도 먹이지 않습니다. 그래야 다음 끼니때 아이가 제대로 식사할 수 있어요.

6. 식사 시간에는 텔레비전, 스마트폰, 비디오 게임, 신문, 책 등 아이가 정신 팔 만한 것들을 전부 치웁니다.

7. 식사 자리에서는 야단치지 마세요. 식사 자리가 즐거워야 식욕도 생깁니다.

8. 아이가 음식을 손질하거나 식탁 차리는 걸 돕게 하세요. 음식에 관심을 갖게 할 수 있습니다.

9. 아이가 채소를 잘 안 먹는다면 직접 채소를 길러보세요. 베란다나 주방에서 상추, 토마토, 허브 등을 키우거나 주말 농장을 이용해도 좋습니다.

10. 아이가 떼 부리거나 기운이 없다고 해서 음식을 주지 마세요. 어릴 때 기분 전환을 위해 음식을 먹는 습관을 들이면 나중에 사랑받고 싶은 욕구나 외로움을 달래기 위해, 또 스트레스를 풀기 위해 단 음식을 탐닉하게 되어 비만으로 이어질 위험이 큽니다.

수면

두뇌 보약은
책이 아니라 잠입니다

얼마 전 아이를 '독서 영재'로 키워준다는 한 교육 사이트를 우연히 보게 됐습니다. '독서 영재'라는 정체불명의 단어는 그렇다 쳐도 운영자의 글이 참 가관이었습니다. 아이가 책을 읽어달라면 새벽 1시고 2시고 밤을 새워서라도 읽어주라는 것입니다. 그래야 아이의 독서 흐름이 끊기지 않는다나요. 운영자가 올린 글에는 놀랍게도 그걸 직접 실천하고 있다는 '간증 댓글'이 이어졌습니다. 아이가 책 읽어달라고 계속 조르는 바람에 밤새 한숨도 못 잤다는 사연에는 은근한 자랑과 자부심이 배어 있었습니다. 정말로 아이와 밤을 꼴딱 샜는지는 잘 모르겠습니다. 안타까운 것은 부모들이 독서에는 의미를 과하게 부여하면서 잠자는 시간은 하찮게 보고 심지어 낭비로 여긴다는 점이었어요.

책 많이 읽으면 물론 좋지요. 하지만 세상 어떤 책도 잠보다 위대하진 않습니다. 책 읽히느라 잠을 안 재우는 것은 빈대 잡으려다 초가삼간 태우는 격입니다. 잠은 단순한 휴식이 아니라 뇌가 정보를 분류하고, 계획을 정비하고, 상처를 치유하고, 낮에 배운 것을 학습하는 활동이기 때문입니다.

곤히 잠든 아이를 보세요. 천사도 이런 천사가 없지요. 기분 좋은 꿈을 꾸는지 가끔은 싱긋싱긋 웃기도 하고, 부드럽게 감긴 눈꺼풀 아래로 눈동자가 이리저리 움직이기도 합니다. 지금 아이는 렘(REM, Rapid Eye Movement)수면 단계에 있습니다. 수면은 얕은 잠 단계인 렘수면과 깊은 잠 단계인 비렘수면으로 나뉩니다. 잠자는 내내 렘수면과 비렘수면이 주기적으로 반복되는데, 성장 발달을 위해서는 이 두 종류가 모두 필요합니다. 비렘수면 상태에서는 낮 동안 쌓인 피로를 해소하고, 상처와 뇌세포를 복구하고 재생합니다. 잠자는 동안 성장호르몬이 분비된다는 이야기를 들어보셨지요. 성장호르몬도 비렘수면 상태에 들어서야 비로소 분비됩니다.

렘수면 단계에서는 꿈을 꿉니다. 이때 뇌파를 기록하면 깨어 있을 때와 거의 같아요. 뇌가 활발하게 활동하고 있다는 뜻이지요. 혹시 이런 경험 있으신가요. 낮에 고민하고 속 끓이던 문제가 꿈에 재현된다든지, 자는 동안 놀랄 만한 아이디어가 퍼뜩 떠오른다든지……. 저도 종종 이런 경험을 합니다. 이런저런 고민으로 머리가 복잡할 때 잠을 자다 기막힌 해결책을 찾은 적이 몇 번인가 있었어요. 이런 현상은 렘수면 상태에서 뇌가 낮 동안 일어났던 일을 복습하고 다시 활성화하기 때문에 일어납니다.

잠자는 동안 뇌가 어떤 활동을 하는지에 대한 흥미로운 연구 결과가 있어요. 한 연구팀이 연구 대상에게 다양한 색깔과 형태를 지닌 그림을 보여주고 색깔과 모양 사이의 관계를 추론하게 했습니다. 첫 시도에서는 대개 실패했지만, 열두 시간 후 같은 실험군에 실시한 두 번째 시도에서는 70퍼센트가 성공했습니다. 특히 열두 시간 동안 잠을 잔 실험군의 성공률은 90퍼센트에 이르렀지요. 잠자는 동안 뇌에서 꾸준히 이 문제를 붙들고 씨름하고 있었던 겁니다.

한 아이가 낮에 제 손으로 서툴게 양말을 신어봤다면 밤에는 렘수면 상태에서 뇌가 이 경험을 영화처럼 재연합니다. 잘 되지 않은 이유가 뭔지 뇌 속 저장고를 탈탈 털어 해결책을 찾는 거죠. 그래서 이튿날엔 더 능숙하게 양말을 신게 됩니다. 물론 렘수면 상태에서 실제로 몸을 움직이진 않습니다. 잠자는 동안 뇌간에서 근육의 움직임을 억제하는 신호를 보내거든요. 렘수면 상태에서 뇌는 기억도 분류합니다. 영화 〈인사이드 아웃〉에서처럼 중요한 기억은 저장하고, 중요하지 않은 기억은 폐기처분하지요. 그래야 새로운 기억을 저장할 공간이 생기니까요. 잠든 아이의 얼굴은 한없이 평온하지만, 뇌에서는 이렇게 분주한 일이 벌어지고 있습니다. 이래도 잠보다 책이 더 중요할까요. 세상 어떤 책이 잠을 대신할 수 있을까요.

뇌가 낮 동안 입력된 새로운 자극과 정보를 제대로 처리하려면 충분한 수면이 필요합니다. 생후 24~31개월에는 밤잠 열 시간 30분, 낮잠 한 시간 30분을 합해 하루에 최소한 열두 시간은 자야 해요. 수면 시간이 이보다 부족하면 갖가지 문제가 발생합니다.
잠을 충분히 자지 못하면 뇌로 전달되는 포도당 공급이 줄어드는데, 그러면 포도당을 가장 필요로 하는 전전두엽 피질의 기능이 떨어집니다. 전전두엽 피질에서는 문제를 해결하고 의사를 결정하며 감정을 조절하고 타인과 관계를 맺는 등 여러 중요한 기능을 실행합니다. 그러니 전전두엽 피질의 기능이 떨어지면 집중력과 행동 조절 능력에 문제가 생겨 산만하고 공격적인 행동이 나타날 수밖에 없습니다. 하루 열 시간도 못자는 미취학 아동은 그렇지 않은 아이들에 비해 공격성을 드러내거나 문제 행동을 일으킬 위험이 높다는 연구 결과가 이런 사실을 뒷받침합니다. 또 다른 연구 결과에 따르면 수면 부족은 언어 발달에도 악영향을 미칩니다. 일주일 동안 수면 부족에 시달리면 충분히 잠을 잔 아이에 비해 음소 변별 능력이 떨어진다고 합니다. 수면 부족으로 낮 동안 소리에 집중하지 못하기 때문이지요.

개인마다 적정 수면 시간에 차이는 있지만, 우리나라 아이들의 수면 시간은 대체로 턱없이 부족한 편입니다. 만 3세 이하 아이들의 수면 시간을 비교하면 영국과 미국은 열 시간, 뉴질랜드는 열세 시간인데 우리나라는 9시간 25분에 불과합니다. 아마도 부모가 늦게까지 일하거나 깨어 있기 때문이겠지요. 부모야 별 수 없다 해도 아이만큼은 열 시간 이상 잘 수 있게 배려해야 합니다. 아이가 자꾸만 보채고 떼를 부리는 것도 알고 보면 수면 부족 때문일 수 있어요.

문제는 아무리 아이를 재우고 싶어도 그럴 수 없는 경우입니다. 많은 부모가 아이를 재우느라 매일 밤 전쟁을 치릅니다. 특히 까다로운 기질을 타고난 아이는 잠을 잘 못 자고, 간신히 잠든 후에도 쉽게 깨버려서 부모 진을 다 빼놓습니다. 졸리면 그냥 자면 될 텐데 울고 짜증내며 온갖 잠투정을 다 부린 뒤에야 지쳐 잠들기 일쑤지요. 충분히 오래, 질 좋은 잠을 자지 못하니 깨어 있을 때는 짜증이 심하고 떼를 부릴 수밖에 없습니다.

✦☆ 잘 재우는 것도 노하우가 있습니다

잘 재우는 비법이 과연 있기나 하냐고요? 우선 포기하지 마시란 말씀을 드리고 싶습니다. 일찍 안 잔다고 늦게까지 그냥 두어서는 안 됩니다. 실컷 놀다 제 풀에 지쳐 잠들기를 기다리면 언젠가 잠이 들기야 하겠지요. 자연히 이튿날엔 늦잠을 잘 테고요. 그러면 그날은 또 불면의 밤이 찾아올 것입니다. 이런 습관은 성장 발달에도 당연히 안 좋지만, 어린이집에 다니기 시작하면 또 다른 문제를 일으킵니다. 상습적인 지각생이 되는 거죠. 어린이집에 지각 좀 하면 어떠냐고 편하게 생각해선 안 됩니다. 친구들이 정해진 일과를 수행하고 있을 때 혼자 쭈뼛쭈뼛 제자리를 찾아가는 아이 마음이 어떻겠어요. 다른 아이에 비해 어린이집 적응이 늦고 교우 관계도 원만하기 어려울 것입니다. 그러니 일찍 자고 일찍 일어나는 습관을 꼭 들여야 합니다. 오후 아홉 시, 늦어도 열 시에는 잠자리에 들도록 하는 것이 좋습니다.

그러려면 아침에 일찍 일어나야 합니다. 늦게 잠든 아이를 일찍 깨우는 것이 쉬운 일은 아니겠지요. 하지만 악순환의 고리를 힘겹게 끊으면 선순환이 이어짐을 기억하세요. 잠든 시간이 잠 깨는 시간을 결정하는 게 아니라, 잠 깬 시간이 잠드는 시을 결정합니다. 수면을 촉진하는 신경전달물질이자 일명 '천연 수면제'라 불리는 멜라토닌이 햇볕을 쬔 지 열다섯 시간 후부터 분비되기 때문이지요. 한 시간 늦게 일어날 때마다 멜라토닌이 분비되는 시간은 한 시간 늦어지는 셈입니다. 전날 늦게 잤다고 늦잠을 재울 게 아니라 오히려 일찍 깨워야 수면 습관을 바로잡을 수 있습니다.

바깥 활동도 숙면을 돕습니다. 아주 춥거나 더운 날만 아니면 하루 30분에서 한 시간 정도는 바깥에서 햇볕을 쬐며 뛰놀게 하세요. 신체 활동이 충분해야 밤에 잠도 잘 잡니다. 낮 동안 스트레스를 받았다면 밤까지 불안이 이어질 가능성이 높습니다. 잠을 쉽게 이루지 못하고, 잠이 들어도 악몽을 꾸거나 잠꼬대를 하며 깨지요. 낮 동안 받은 스트레스나 공포, 불안이 밤까지 이어지지 않도록 충분히 공감해주고 다독여 줘야 합니다. 평소보다 아이와 지내는 시간을 늘리고, 애정 표현을 듬뿍 해주세요.

저녁 식사를 마친 후부터는 자극적인 활동은 삼가는 것이 좋습니다. 퇴근한 아빠와 레슬링 한 판을 벌이거나 떠들썩한 예능 프로그램을 시청하면 신경이 흥분해 잠을 이루지 못합니다. 편안한 음악을 듣거나 가만히 앉아 책을 읽으면서 조용한 저녁 시간을 보내게 합니다. 야식은 되도록 주지 않습니다. 정 배고파하면 바나나 정도만 먹이세요. 단백질 음식은 뇌를 자극하는 도파민을 분비하게 하므로 아침 식단으로는 적합해도 야식으로는 좋지 않아요. 초콜릿처럼 카페인을 함유한 간식도 당연히 피해야겠지요.

재울 시간이 다가오면 수면 환경을 점검합니다. 실내 온도는 22~24℃, 습도는 50~60퍼센트가 되도록 조절해주세요. 집 안 조명을 어둡게 하고, 틀어두었던 텔레비전이나 음악도 끕니다. 아이 뇌는 외부 자극에 매우 민감하고 작은 소리나 불빛에도 호기심이 발동하니 이를 아예 차단하는 거죠.

그런 다음 잠자리 의식을 시작합니다. 잠자리 의식이란 잠들기 전 매일 규칙적으로 시행하는 절차를 가리킵니다. 주변을 정리하고 몸을 씻고 잠옷으로 갈아입는 등 일정한 절차를 밟게 하는 거죠. 이제 잠잘 시간임을 아이 뇌가 수긍하고 준비하게 하는 시간인 셈입니다. 잠자리 의식을 시작하기 10분 전 쯤 아이에게 "시계 긴 바늘이 여기에 오면 잘 준비를 하자" 하고 예고하면 저항을 줄일 수 있습니다.

잠자리 의식으로 베드타임 스토리만큼 좋은 것은 없습니다. 잘 준비를 완벽하게 마치고 아이와 함께 잠자리에 듭니다. 그런 다음 부드러운 조명 아래 차분한 목소리로 책을 읽어줍니다. 책 내용이 너무 신나거나 떠들썩하면 눈이 더 초롱초롱해질 테니 차분하고 단순한 스토리가 좋겠지요. 책 대신 아이의 어린 시절 이야기나 전래 동화 등을 들려주어도 됩니다. 자장가를 불러주어도 좋고요.

그러는 동안 아이를 꼭 끌어안아주세요. 스킨십을 하면 뇌에서 옥시토신이 분비되면서 전두엽이 활성화되어 운동 충동이 억제되고 차분해지거든요. 분리 불안이 있는 아이라면 이런 스킨십이 더욱 필요합니다. 아이의 긴장과 피로, 불안과 두려움 등을 해소하는 데는 부모와의 스킨십이 특효약입니다.

자는 걸 확인하고 살금살금 방을 나섰는데, 얼마 지나지 않아 울면서 엄마를 찾는 아이도 있지요. 엄마도 사람인지라 그런 상황에선 지치고 짜증이 납니다. 하지만 아이를 윽박지르거나 겁을 주어서는 안 됩니다. 공포와 불안이 너무 크면 오히려 잠을 더 못 잘 수 있으니까요. 이럴 때일수록 따뜻하고 부드러운 태도를 보여야 합니다. 아이를 다시 침실로 데리고 가 같이 누운 다음 가슴께를 토닥이며 안심시켜주세요. 중요한 건 엄마 마음도 차분히 가라앉아야 한다는 점입니다. 아이가 얼른 자야 집안일을 할 텐데, 드라마가 시작할 시간인데, 얘는 왜 이렇게 잠이 없어서 나를 힘들게 하나, 이런 마음이면 아이한테도 엄마의 초조함과 긴장이 전달됩니다. 아이가 빨리 잠들길 바란다면 엄마 자신부터 이완되어야 합니다. 못다 한 집안일 걱정일랑 뒤로 미뤄두고 아이와 누워 도란도란 이야기를 나누면서 따뜻한 이마에 입 맞추고 말랑말랑한 손을 잡아주고 토실토실한 엉덩이를 두드려주세요. 아들 둘이 훌쩍 자란 지금, 제가 간절히 그리워하는 게 바로 이 시간입니다. 아이를 재워야 한다는 부담에서 벗어나 지금 이 순간을 즐겨보세요. 아이가 엄마 품을 필요로 하는 시간은 생각보다 길지 않습니다.

낮잠도 밤잠만큼 중요해요

낮잠 잘 시간에 오히려 부산하게 움직이면서 쌩쌩해지는 아이들이 있습니다. 언뜻 보기엔 낮잠이 전혀 필요 없을 것 같지만, 사실은 그렇지 않아요. 수면이 부족해도 뇌가 불안정해져 산만해질 수 있거든요. 이런 상태에서 끝내 낮잠을 자지 않으면 뇌가 계속해서 흥분하기 때문에 밤잠도 설칠 가능성이 커요. 낮잠을 자는 동안 아이 뇌는 휴식을 취하면서 생체 리듬을 조정하고 체력과 컨디션을 회복합니다. 낮잠을 잘 자야 수면 패턴도 건강해지고 밤잠도 푹 잘 수 있어요. 낮잠도 뇌 발달 과정의 일부로 이해하고 하루에 한 시간 30분 정도는 꼭 재우는 것이 좋습니다. 단, 안 자려는 아이를 꾸중하며 억지로 재우려 해서는 안 됩니다. 정 안 자려고 버티는 아이라면 차분하고 안정적인 분위기를 조성하여 몸과 마음이 이완될 수 있도록 도와주세요. 그것만으로도 오후에 필요한 체력을 회복하는 데 도움이 됩니다.

스마트폰

우리 아이의 두뇌 발달을
망치게 두지 마세요

몇 년 전부터 텔레비전 없는 거실이 유행하고 있습니다. 특히 아이가 있는 가정에서는 거실에서 대형 텔레비전을 추방하고, 대신 책장을 들이는 경우가 많아졌어요. 텔레비전이 아이에게 이로울 게 없다는 것은 이제 상식으로 통하지요. 그런데 이제는 텔레비전보다 훨씬 더 중독성 강한 매체가 있지요. 바로 스마트폰입니다. 거실에서 텔레비전만 사라지면 가족끼리 얼굴 마주할 기회가 많을 줄 알았는데 오히려 그 반대가 되었습니다. 그나마 텔레비전은 가족과 공감하며 볼 수나 있었지요. 스마트폰은 철저히 혼자 즐기는 세상입니다.

요즘 외식하러 나가면 종종 진풍경을 봅니다. 가족끼리 테이블에 둘러앉긴 했는데, 시선은 각자의 스마트폰에 고정돼 있습니다. 식탁 위로 말 한마디, 시선 한 번 오가지 않습니다. 하다못해 돌쟁이조차 태블릿 PC나 스마트폰 하나 차지하고 앉아서 뽀통령에 푹 빠져 있기 일쑤입니다. 지루해진 아이가 행여나 떼를 부리진 않을까, 부모가 배려 아닌 배려를 한 덕분이지요. 식당뿐만 아니라 진료실에서도 부모의 면담 차례가 되면 당연하다는 듯 스마트폰을 꺼내 들고 게임이나 SNS를 하는 아이들을 자주 봅니다. 서너 살밖에 안 된 아이한테 조용히 기다리라며 스마트폰을 쥐여주는 부모도 있습니다.

이쯤 되면 '스마트폰 보모'라는 말이 어색하지 않습니다. 이제 스마트폰 하나면 떼부리는 아이, 산만한 아이, 못 기다리는 아이, 우는 아이를 잠잠하게 할 수 있습니다. 아이들은 심심하거나 울 틈이 없습니다. 친구도 장난감도 필요 없습니다. 스마트폰 보모가 세상 누구보다 즐겁고 재미나게 해주니까요.

인간은 환경 변화를 민감하게 감지하고, 새로운 정보에 집중함으로써 살아남을 수 있었습니다. 그렇게 진화했기에 우리 뇌는 새로운 정보, 자극적인 매체를 좋아합니다. 즉각적이고 빠른 정보를 전달하는 스마트폰은 그야말로 뇌가 가장 좋아하는 먹 잇감입니다. 문제는 스마트폰을 사용하면 할수록 뇌가 더 큰 자극을 기대한다는 것입니다. 터치 한 번으로 신세계가 열리는 스마트폰에 비하면 현실 세계는 더디고 지루하기만 합니다. 그러니 스마트폰이 펼쳐 보여주는 빠르고 현란한 세계에 더욱더 매혹될 수밖에 없지요. 어른도 스마트폰의 유혹에 속절없이 무너지는데, 집중력이 약해 새로운 자극에 쉽게 흔들리고, 전두엽 발달이 미숙한 아이들은 오죽할까요.

아이 손에 스마트폰을 쥐여주는 부모 마음도 마냥 편하진 않습니다. 하지만 스마트폰 보모의 활약이 너무도 대단해서 포기하기가 쉽지 않지요. 아이가 카시트에 앉지 않으려고 버둥대거나 병원 대기실이나 식당에서 지루함을 견디지 못해 떼를 부릴 때, 엄마한테 껌딱지처럼 찰싹 달라붙어 떨어지지 않으려 할 때, 스마트폰만 한 특효약이 또 어디 있겠어요. 아이에게 손쉽게 스마트폰을 건네면서 부모는 이렇게 생각합니다. '이 정도로 큰일이야 나겠어?' 심지어 능숙하게 스마트폰을 다루는 걸 보면서 감탄도 합니다. 영어, 숫자, 한글, 동요 등을 가르쳐준다는 교육용 앱을 보여주면서 이건 나 편하자고 하는 게 아니라 아이 교육을 위한 거라고 스스로 위안을 구하기도 할 테고요.

어른이라면 인터넷 강의나 오디오 등을 통해 외국어를 학습하는 것도 가능합니다.

하지만 아이는 그렇지 않습니다. 만 3세 이전에는 오감으로 체험하고 다른 사람과 소통하면서 배웁니다. 그래야 두뇌 연결망이 고루 발달하고 단단해집니다. 특히 언어 능력이 발달하려면 부모가 아이에게 보이는 반응, 아이와 나누는 스킨십과 교감이 무엇보다도 중요하지요. 일방적인 정보를 전달하는 동영상 학습은 반쪽짜리, 아니 반의 반쪽짜리 수단도 되지 못합니다.

단순히 효과만 떨어지면 다행이게요. 학습 동영상은 아이가 주변을 탐색하고 부모와 소통할 기회를 앗아간다는 점에서 오히려 두뇌 발달에 해가 됩니다. 스마트폰에 푹 빠진 아이들은 주변을 탐색하는 활동에 시들해질 수밖에 없습니다. 싱크대 선반 안에 뭐가 들었을지, 화장대 위에는 뭐가 있을지 궁금하지 않습니다. 그런 활동보다 스마트폰을 들여다보는 게 훨씬 재미있으니까요. 그뿐인가요. 사람에 대한 관심도 줄어듭니다. 친구와 노는 것보다 스마트폰을 만지작대는 걸 더 좋아하게 되지요. 그렇게 혼자 놀다 보면 감정을 공유하고 공감하는 능력도 떨어지기 쉽습니다.

스마트폰은 부모의 양육 방식에도 영향을 미칩니다. 미국 소아과학회가 조사한 바에 따르면 부모가 아이와 함께 있는 동안 교육용 텔레비전 프로그램을 켜두게 했더니 84퍼센트가 아이에게 말을 적게 건네고, 새로운 단어도 적게 썼다고 합니다. 이 조사 결과는 스마트폰에서 많이 보이는 교육용 앱에도 고스란히 적용됩니다. 아무리 잘 만들어진 프로그램이라도 부모가 아이에게 건네는 따뜻한 말 한마디, 반짝이는 미소 한 번을 따라잡을 순 없습니다. 아이 뇌는 직접 보고 냄새 맡고 듣고 맛보고 만진 경험, 울고 웃는 정서 경험을 가장 강렬하게 기억하고 저장하기 때문입니다.

스마트폰이 제공하는 빠르고 방대한 정보량도 문제입니다. 아이 뇌는 이렇게 한꺼번에 들어온 엄청난 영상 정보를 제대로 처리할 능력이 없습니다. 중요한 정보와 그렇지 않은 정보를 꼼꼼하게 분류하고 정리할 여력이 안 되니 대부분을 그냥 흘려버리게 되지요. 이런 일이 반복되면 새로운 정보를 매번 대강대강 처리하여 학습 장애가 생길 수도 있습니다.

이미 스마트폰 만지는 재미에 푹 빠졌으니 어쩔 수 없다고요? 스마트폰을 빼앗으면 아이는 분명 저항하겠지요. 하지만 두고두고 집착을 보이진 않습니다. 며칠은 힘들어도 아이는 금세 다른 재미를 찾아갑니다. 심심해서 방바닥을 뒹굴뒹굴하다가 문득 그림책을 펼쳐볼 것입니다. 스마트폰에 빠져 있는 동안 잊고 있었던 블록을 꺼내보기도 하고, 한때 재미나게 갖고 놀았던 인형이 여전히 잘 있나 살펴보기도 할 테지요.

이렇게 되려면 스마트폰 사용 시간을 줄일 게 아니라 단번에 끊는 것이 좋습니다. 아이가 좀처럼 스마트폰을 포기하지 못하면 더 많이 놀아주세요. 바깥놀이 시간도 늘리고요. 스마트폰 말고도 재미있는 놀이가 많다는 걸 깨닫도록 도와야 합니다.

스마트폰 사용을 금지하는 규칙은 언제 어디서나 일관되게 적용해야 합니다. 집에서는 잘 지키다가 밖에만 나가면 마음이 약해지는 부모가 있습니다. 식당이나 지하철처럼 아이가 지루해할 만한 곳에 가게 되면 더욱 그렇지요. 하지만 이런 상황일수록 규칙을 엄격하게 적용해야 합니다. 심심해하지 않도록 장난감이나 그림책을 준비하고, 그래도 스마트폰을 달라고 떼를 쓰면 단호하게 안 된다고 말합니다. 주변이 소란스러워질까 봐, 모처럼의 가족 외출이 엉망이 될까 봐 아이 손에 다시 스마트폰을 쥐여주는 순간, 지난 며칠간의 노력은 수포로 돌아갑니다. 일관성 없이 갈팡질팡한 대가로 부모 권위도 땅에 떨어지지요. 무엇보다도 부모가 스마트폰을 쓰지 않는 것이 중요합니다. 부모는 스마트폰을 손에 달고 살면서 아이한테만 쓰지 말라고 하면 무슨 효과가 있겠어요.

흔히 아이 두뇌의 잠재력을 우주에 빗대곤 합니다. 우주 같은 아이의 뇌가 손바닥만 한 스마트폰에 갇히도록 방치하지 마세요. 스마트폰에서 눈을 떼고, 흘러가는 구름을, 부모의 미소를, 바람에 흔들리는 민들레꽃을 바라보게 도와주세요. 아이를 달래려고, 잠깐 한숨 돌리려고 손에 스마트폰을 쥐여주는 것은 아이에게서 세상의 모든 감촉과 경험을 빼앗는 것과 같습니다.

24~31개월

두뇌
쑥쑥
놀이

소꿉놀이

놀이방법

상상력과 추상 능력이 더욱 발달하여 본격적인 역할 놀이가 가능합니다. 이 시기 아이들이 좋아하는 놀이 중 하나가 바로 소꿉놀이이지요. 엄마의 어린 시절을 떠올려 보세요. 벽돌 빻아 고춧가루 만들고, 들꽃 꺾어 나물 무치고, 병뚜껑을 찻잔 삼아 잘도 놀았잖아요. 정형화된 장난감 없이 순전히 상상력만으로 이리 잘 놀았으니 창의력 학원이 필요 없던 시절이었지요.

요즘 아이들더러 이렇게 놀라고 할 수는 없을 것입니다. 하지만 역할 놀이를 하려면 당연히 장난감이 있어야 한다는 생각은 부모의 선입견일 수 있어요. 모자에 블록을 담아 저녁상을 차리고, 바나나를 전화 삼아 아빠와 통화하고 있는 아이를 보세요. 역할 놀이에 필요한 것은 그럴듯한 소꿉놀이 장난감이 아니라 부모의 호응입니다. 아이가 상상으로 지은 밥을 맛있게 먹어주세요. 병뚜껑에 차를 끓여 내오거든 호호 불면서 뜨겁다고 호들갑도 떨어보고요.

놀이효과

아이의 상상력과 부모의 맞장구가 잘 버무려지면 주변 모든 장난감과 세간이 창의력 교재가 될 수 있습니다.

손으로 조물조물, 창의력은 쑥쑥
점토 놀이

놀이 방법

요즘은 손에 묻지 않고 뒤처리도 깔끔한 놀이용 점토가 다양하게 판매되고 있더군요. 시판 점토뿐 아니라 집에서 만든 말랑말랑한 밀가루 반죽도 놀이 효과는 같아요. 점토든 밀가루 반죽이든 아이가 마음껏 조물조물하면서 충분히 탐색하게 해주세요. 다양한 도구를 이용하면 놀이가 더욱 즐거워집니다. 모양 틀로 눌러보고 플라스틱 칼로 잘라보고 밀대로 밀어보며 부피와 모양이 어떻게 달라지는지 살필 기회를 주세요. 국수 모양을 만들거나 김밥처럼 잘라보면서 소꿉놀이에 응용하는 방법도 좋겠네요.

놀이 효과

모래나 찰흙, 물처럼 형태 없는 장난감이 창의력 발달에 좋다는 이야기, 들어보셨을 거예요. 모래나 점토 놀이는 거의 모든 아이들이 좋아합니다. 하지만 기질에 따라 질색하는 아이도 있어요. 촉각이 과민하기 때문이지요. 만지기 싫어하는 재료를 억지로 권할 필요는 없습니다. 스스로 호기심을 가질 때까지 천천히 기다려주세요.

집게로 물건 집기

놀이 방법

집게로 다양한 물건을 집어 바구니에 넣는 놀이입니다. 블록, 장갑, 머리띠, 뭉친 신문지 등 집게로 집기 쉬운 물건을 주변에 늘어놓습니다. 부모가 먼저 집게로 물건을 하나씩 집어 바구니에 넣는 시범을 보여주세요. 그런 다음 아이 손에 집게를 쥐여주면 쉽게 따라 할 거예요. 집게는 아이가 다루기 쉬운, 가볍고 안전한 것으로 골라야겠지요.

놀이 효과

이 놀이는 눈과 손의 협응력을 길러주고 소근육 발달을 도울 뿐 아니라 집중력도 키워줍니다. 물건을 바구니에 넣을 때마다 하나, 둘, 셋 하고 수를 세면 숫자 익히는 데도 도움이 되지요. 놀이 후 뒷정리를 할 때도 요긴하게 활용할 수 있습니다. 아이 손에 집게만 쥐여주면 어지러이 널려 있던 블록이 말끔하게 정리될 거예요.

쌩쌩 기운이 넘치는 아이에게 좋아요

앞구르기

놀이방법

층간 소음 걱정 없이 집에서 할 수 있는 운동이 바로 앞구르기입니다. 아이 혼자서는 어려우니 옆에서 잘 가르쳐줘야 해요. 우선 바닥에 두꺼운 이불이나 매트를 깔아줍니다. 그런 다음 부모가 먼저 시범을 보여주세요. 무릎을 구부리고 앉은 자세에서 엉덩이를 치켰다가 몸을 뒤집기까지의 과정을 잘 설명해줍니다. 목을 다치지 않으려면 몸을 뒤집기 전에 머리를 아래로 잘 밀어 넣어야 합니다. 아이가 엉덩이를 치켜 올리면 곁에서 목을 알맞게 밀어 넣었는지 살펴보세요. 앞구르기는 한 번에 5회 정도만 하는 것이 적당합니다.

놀이효과

이 시기 아이들은 신체 조절 능력이 향상되면서 자꾸만 몸을 움직이고 싶어 해요. 기질에 따라 앞구르기 같은 운동을 두려워하는 아이도 있습니다. 격려하면서 자신감을 북돋워주는 것은 좋지만, 부담을 주진 마세요.

설명 듣고 알아맞히기

놀이방법

부모가 어떤 물건에 대해 설명하는 것을 잘 듣고 아이가 알아맞히는 놀이입니다. 우선 아이가 좋아하는 장난감을 세 개 정도 뽑아 오게 합니다. 그러면 셋 중 하나에 대해 설명합니다. "이건 노란색이야. 누르면 소리가 나. 바퀴가 달려 있어서 굴릴 수도 있어. 이건 뭘까?" 이 놀이는 상상력과 추상 능력, 언어 표현력을 키우는 데 도움을 줍니다. 아이가 알아맞히기 쉽게 설명하되 한 문장 정도는 조금 어려운 어휘를 넣어 보세요. 예를 들어 아이가 색깔을 구별하거나 수를 셀 줄 몰라도 "색깔은 빨간색이야. 문은 몇 개냐면 하나, 둘, 셋, 넷, 모두 네 개야" 하고 설명하는 거예요.

놀이효과

아이의 상상력과 어휘력을 자극하는 데 효과적인 놀이입니다. 놀이에 익숙해지면 아이가 묻고 부모가 대답하는 방식으로 바꿔도 좋겠지요. 또 설명할 대상을 눈앞에 보이지 않는 사물로 확장시킬 수도 있습니다. 가령 자동차를 타고 가면서 집에 있는 곰 인형에 관해 설명하는 식으로 말이지요.

비교하고 분류하며 집중력까지 키워요

짝 찾기 놀이

놀이 방법

집 안 구석구석, 짝지을 수 있는 물건을 찾아 아이와 함께 짝을 맞춰보는 놀이예요. 하루는 여러 종류의 냄비와 냄비 뚜껑을 늘어놓고 제짝을 찾아보고, 또 하루는 건조대에서 걷은 가족들 양말로 짝을 맞춰봅니다. 이외에도 컵과 컵받침, 한 쌍으로 이루어진 아이 머리핀 등을 짝 찾기 놀이에 활용할 수 있어요.

아이가 냄비 뚜껑을 맞춰보는 동안 부모는 "뚜껑이 냄비보다 크구나" 식으로 크기를 비교하는 말을 해주면 좋습니다. 양말의 짝을 맞추고 있다면 "이 양말에는 동그라미가 그려져 있네. 이건 줄무늬구나. 저건 노란색이고 이건 빨간색이네"라고 말해주세요.

놀이 효과

양말 짝 맞추기가 별것 아닌 듯 보여도 비교와 분류 개념을 익혀 수학적 사고의 기본기를 다지는 데 안성맞춤입니다. 부모와 웃으면서 하는 이런 놀이가 책상에 앉아 연필 잡고 하는 공부보다 훨씬 효과적이랍니다.

상황별 육아 Q&A

Q. 또래와 놀 때 양보를 안 하려고 해요.

A. 이 시기는 자아 개념이 생기면서 '내 것'에 대한 집착이 커지는 때입니다. 따라서 물건을 다른 사람에게 양보하거나 공유하기가 매우 어려워요. 아이가 이기적인 것이 아니라 발달 과정상 어쩔 수 없는 거죠. 자라면서 물건을 나누고 공유하는 법을 차차 배우게 될 테니 너무 걱정하지 마세요.

Q. 똑같은 그림책을 반복해서 읽어달라고 해요.

A. 아이들이 같은 그림책을 반복해 읽으려는 이유는 책 내용을 한 번에 파악하기 어렵기 때문이에요. 아무리 눈높이에 맞춘 책이라도 인지 능력이 미숙한 아이로서는 모든 정보를 한 번에 얻기가 힘들거든요. 그러니 반복해 읽으면서 새로운 정보를 조금씩 습득하는 거죠.

그런데 책을 줄줄 외울 만큼 익숙해진 후에도 반복해서 읽으려는 이유는 뭘까요? 우리가 개그 프로그램 유행어를 좋아하는 것과 비슷한 원리일 거예요. 개그맨이 매번 같은 상황에서 같은 말을 하면 김이 새고 지루할 것 같지만, 사실은 그렇지 않아요. 오히려 할 말을 짐작하는 데서 묘한 쾌감을 느끼지요. 아이도 마찬가지랍니다. 그림책 내용을 짐작하고, 그것이 적중하는 데서 자신감과 재미를 느끼는 거죠. 그러니 힘들더라도 아이가 원하는 대로 반복해서 읽어주세요. 이 시기에는 다양한 책을 여러 권 읽는 것보다 같은 책을 여러 번 읽는 것이 인지 및 언어 발달에 더 이롭습니다. 따라서 아이가 그림책을 반복해 읽어달라는 건 전혀 걱정할 일이 아니에요.

하지만 그림책 한 권에만 과도하게 집착하는 것 같다면 다른 책으로 관심을 옮길 기회를 주는 것도 좋습니다. 책 내용을 줄줄 읽기보다 아이가 좋아하는 의성어, 의태어를 섞어 과장되게 읽어준다면 분명 관심을 끌 수 있을 거예요.

Q. '닌텐도 위' 같은 게임은 운동 효과가 있어 아이에게 좋지 않나요?

A. 이런 궁금증을 해소하기 위한 실험이 실제로 있었습니다. 미국 베일러 의과 대학 연구팀이 만 9~12세 아이들을 대상으로 가만히 앉아서 비디오 게임을 한 경우와 '닌텐도 위' 게임을 한 경우 운동 효과에 어떤 차이가 있는지 조사했습니다. 그랬더니 예상과 달리 운동 효과가 거의 동일한 것으로 나타났습니다. 운동 효과를 생각한다면 놀이터에서 신나게 뛰놀게 하는 것이 제일입니다. '닌텐도 위'도 어디까지나 비디오 게임일 뿐이에요.

Q. 고집이 너무 심해요. 어떻게 해야 할까요?

A. 이 시기는 '자기 뜻'을 내세우고 싶은 욕구가 강하게 올라오는 시기입니다. 아이가 할 수 있는 것과 안 되는 것 사이에서 갈등을 겪는 것은 정상이에요. 선택지를 제한적으로 주고, 아이가 스스로 결정할 수 있도록 도와주세요. 예를 들면, "장난감 정리할래, 옷 먼저 입을래?" 같은 방식은 통제감을 주면서도 협력을 유도합니다. 고집이 아니라 자율성과 독립성을 키워가는 과정임을 기억하세요.

Q. 감정을 표현할 때 공격적으로 행동해요.

A. 아직 말로 감정을 조절하거나 표현하는 능력이 미숙한 시기입니다. 화가 나거나 답답할 때 때리거나 소리를 지르는 것은 흔한 행동이에요. 중요한 건 '그 감정은 괜찮지만, 표현 방식은 바꿔야 한다'는 메시지를 전달하는 것입니다. 아이의 감정을 언어로 대신 표현해주고, 다른 표현법 "도와줘!", "싫어!"와 같은 말을 반복해서 알려주세요. 감정 조절은 배워야 하는 기술입니다.

31~36개월

자기
조절력이
생겨요

31~36개월

발달특징:

인지 능력이 발달해요

1 이쯤 되면 아이는 어른처럼 자연스럽게 걸을 수
있습니다. 왼발, 오른발 번갈아가며 계단도 익
숙하게 오르고요. 걷거나 달리면서 다른 동작
을 동시에 할 수도 있습니다. 달리면서 공을 던
지거나, 걸으면서 과자를 먹을 수 있어요. 몸을
앞으로 굽혀도 넘어지지 않고, 세발자전거도
꽤 능숙하게 탑니다. 연필 잡는 데도 익숙해집
니다. 어른과 비슷한 자세로 연필을 쥐고 직선
을 그을 수 있어요. 서툴게나마 가위질도 할 수
있고요. 작은 구슬을 실에 세 개 이상 끼울 수 있
고, 정육면체 블록을 쓰러뜨리지 않고 여덟 개 이상 쌓을 수 있습니다. 부모가
가르쳐주면 종이를 반으로 접기도 합니다. 이렇게 손동작이 정교해지는 시기
인 만큼 퍼즐 맞추기나 구슬 꿰기, 단추 꿰기, 낙서하기, 종이접기 등의 놀이를
함께하면서 소근육을 발달시키고 집중력을 키울 기회를 많이 주는 것이 좋습
니다.

2 　인지 발달도 이루어져 장난감을 모양이나 색깔에 따라 분류할 수 있습니다. 글자 읽는 데 관심을 보이는 아이도 생깁니다. **관심을 받길 원하고, 칭찬을 들으면 매우 좋아합니다. 해도 되는 일과 해서는 안 되는 일은 잘 구분하지만, 아직 자기중심적인 사고에서 완전하게 벗**  **어나진 못해 고집이나 떼를 부리기도 합니다.** 색깔 이름도 곧잘 알아맞힙니다. 나이를 물으면 손가락을 나이만큼 펴 보이거나 말로 대답할 수 있지만, 시간 개념을 이해하는 것은 아닙니다. 타인의 성별을 구별하고, 자기 성별을 말할 수 있습니다. 이름을 물으면 성과 이름을 구분해 대답합니다.

3 　사회성도 발달하여 친구와 어울려 놀기 시작합니다. 친구들과 장난감을 갖고 놀거나 협력하여 무언가를 만들기도 합니다. 친구 입장을 헤아리고 양보도 곧잘 하지요. 공감 능력이 발달한 여자아이는 친구가 울면 따라 울기도 합니다. 만 3세에 가까워지면서 거짓말을 하는 아이가 생깁니다. 무턱대고 야단부터 치지 말고, 왜 거짓말을 했는지 이유를 헤아려주세요. 대개는 혼날 짓을 한 뒤 두려워서, 회피하려고 하는 거짓말입니다. 아이가 거짓말을 하지 않게 하려면 부모가 아이 실수에 관대해져야 해요. 아이가 거짓말을 한다면 부드러운 태도로 반성할 기회를 주고, 솔직하게 털어놓으면 따뜻하게 품어주세요.

4 　언어 발달은 여전히 진행 중입니다. 이제 형용사와 동사 대부분을 이해하고 긴 복문도 알아듣습니다. 위, 앞, 아래, 뒤, 옆 등 위치 개념과 길이 및 무게 개념을 이해합니다. 신체나 사물의 세부적인 이름을 압니다. 예를 들어 신체에서

는 혓바닥, 눈썹, 손톱 등을, 사물에서는 손잡이나 뚜껑을 가리킬 수 있습니다. 하루 이틀 전 있었던 일을 물으면 과거 시제를 사용해 일관성 있게 대답합니다. "~해서 그래"처럼 이유를 밝히는 문장을 사용할 수 있습니다. '왜'나 '어떻게' 등 의문사로 시작하는 질문도 합니다. 블록이나 찰흙으로 무언가를 만들거나 그림을 그린 다음에는 이름을 붙이거나 설명하길 좋아합니다.

우리 아이의 언어 발달을 체크해보세요

- '왜'라는 질문에 알맞게 대답할 수 있다. ⋯ ☐

  "그림책 주인공이 왜 울까?", "장난감을 잃어버려서."

- '왜'와 '어떻게'로 시작하는 질문을 할 수 있다. ⋯ ☐

  "네 이름이 뭐니?"라는 질문에 정확하게 성과 이름을 댈 수 있다.

- 인칭대명사("나", "너", "내 거")를 사용할 수 있다. ⋯ ☐

- 며칠 전 경험한 일을 말할 수 있다. ⋯ ☐

  "어제 놀이터에서 누구랑 놀았지?"

- 현재진행형을 사용할 수 있다. ⋯ ☐

  "밥 먹고 있어.", "인형 안고 있어."

- 신체 부위 명칭을 듣고 정확하게 자기 신체를 가리킬 수 있다. ⋯ ☐

자기 조절력

머리 좋은 아이로 키우려면
자기 조절력에 주목하세요

머리가 좋다는 것은 어떤 의미일까요? 암기력이 좋아 영어 단어를 금세 외우고, 다른 아이들보다 한글을 빨리 떼면 머리가 좋은 걸까요? 또래보다 덧셈 뺄셈을 빨리 깨치면 똑똑한 걸까요? 네, 이런 경우에도 머리가 좋다고 말할 수는 있지요. 하지만 이런 '공부 머리'는 뇌 기능의 일부일 뿐입니다. '헛똑똑이'라는 말 들어보셨을 거예요. 겉으로는 매우 똑똑해 보이지만, 정작 일상에서 알아야 할 것을 잘 모르거나 판단 능력이 떨어져 선택을 잘못하는 사람을 놀림조로 이르는 말입니다. 주로 '공부 머리'만 발달한 사람이 곧잘 이런 놀림을 받지요.

그렇다면 공부만 잘한다고 머리가 좋다고 말할 수는 없을 거예요. '머리가 좋다'는 것은 뇌과학 관점에서 보면 환경에 잘 적응한다는 뜻입니다. 모든 생명체는 환경에 적응한 결과이며 적응하지 못하면 도태하고 말지요. 인간의 뇌가 발달하고 진화하는 것은 결국 환경에 잘 적응하기 위해서입니다.
낯선 환경에 적응하고 문제를 해결하는 능력은 전두엽, 특히 전전두엽이 담당합니다. 전전두엽은 뇌 여기저기서 보내는 정보를 종합하고 분석하여 판단하는 역할을 합니다. 나아가 추론과 추상화, 일을 순서대로 처리하도록 계획을 짜고 우리 몸의

각 부분에 지시를 내리는 역할까지 하지요. 이런 전전두엽이 관장하는 가장 고차원적 기능이 바로 '자기절제'입니다. 다른 말로 '자기통제력', '만족 지연 능력'이라고도 하지요. 목표에 도달하기 위해 자기 행동과 감정을 제어하는 능력을 가리킵니다. 그러니 결과적으로는 이렇게 말할 수 있을 거예요. 머리가 좋다는 건 환경 적응 능력이 뛰어나다는 것이고, 이는 전전두엽이 원활하게 잘 기능하여 만족 지연 능력이 탁월해야 가능하다고요.

실제로 재능은 자기절제력에 달려 있다고 해도 과언이 아닙니다. 김연아 선수가 피겨스케이팅에 아무리 재능을 타고났다고 해도 훈련 없이 그 높은 수준에 도달할 수 있었을까요. 실패하고 도전하고, 실패하고 도전하는 과정을 수백, 수천 번 반복했을 것입니다. 공부 재능도 마찬가지이지요. 의자에 엉덩이 붙이고 앉아 책을 파고 또 파는 과정을 거치지 않으면 공부 잘한다는 소리를 듣기 어렵습니다. 결국 재능이란 하늘에서 뚝 떨어진 선물이 아니라 지난한 연단의 과정을 견디는 마음의 힘을 가리키는 말입니다. 그리고 이런 마음의 힘은 자기절제력, 목표를 위해 감정과 본능을 제어하는 능력에서 나옵니다.

자기절제력이 재능의 완성이나 인생의 성공에 얼마나 중요한 영향을 미치는지 입증하는 실험이 있습니다. 1966년 스탠퍼드 대학에서 연구한, 일명 '마시멜로 실험'입니다. 네 살배기 꼬마들에게 마시멜로 하나씩을 나눠준 다음, 선생님이 돌아올 때까지 먹지 않고 참으면 하나를 더 준다고 말합니다. 반응은 제각각이었지요. 선생님이 나가자마자 먹어버린 아이, 애는 썼지만 끝내 유혹을 견디지 못견디고 먹어버린 아이, 선생님이 돌아올 때까지 꾹 참은 아이……. 15년 후 연구진은 이 마시멜로 실험에 참가했던 아이들 653명이 어떻게 성장했는지 조사합니다. 마시멜로를 먹지 않고 오래 참은 아이들은 그렇지 않은 아이들보다 대학입학시험(SAT)에서 더 높은 점수를 받았고, 가정과 학교에서 더 만족스러운 생활을 하고 있었음이 밝혀지지요.

이후에도 이와 비슷한 실험이 계속되었지만, 결과는 비슷했습니다. 2005년 펜실베이니아 대학의 연구에 따르면 자기절제력은 지능지수보다 학업 성취도를 두 배 더 정확하게 예측하는 인자입니다. IQ가 높은 아이보다 자기절제력이 높은 아이가 공부를 더 잘한다는 이야기지요. 스탠퍼드 대학 연구팀이 마시멜로 실험에 참가했던 아이들을 중년이 될 때까지 추적 조사했더니 마시멜로를 먹지 않고 버텼던 아이는 성공적인 중년의 삶을 살고 있었지만, 견디지 못하고 마시멜로를 먹어버린 경우 상당수는 비만, 약물중독, 사회 부적응 문제를 겪고 있었다는 연구 결과도 있습니다. 자기절제력이 학업 성취도, 더 나아가 인생의 성패를 좌우하는 척도가 되는 까닭은 무엇일까요. 앞에서 설명한 대로 자기절제력이 두뇌의 최상위 기능이기 때문입니다. 요즘 흔히 하는 말로 바꿔 표현하면 자기절제력이 뛰어나다는 것은 전전두엽이 원활하게 기능하여 두뇌 능력치가 '만렙(하나의 게임에서 최고의 레벨)'에 도달했다는 증거입니다. 자기절제력을 담당하는 두뇌 회로는 가장 늦게 발달합니다. 바로 여기에서 부모 역할이 중요한 이유를 찾을 수 있습니다. 자기절제력을 관할하는 두뇌 회로가 늦게 발달한다는 것은 회로의 활성화 정도에 경험이 미치는 영향이 그만큼 크다는 뜻이자 양육 환경에 따라 자기절제력이 강한 아이로도, 약한 아이로도 자랄 수 있다는 뜻이니까요.

그렇다면 아이의 자기절제력을 키워주려면 어떻게 해야 할까요. 이 물음에 답하는 재미있는 실험 결과가 있습니다. 록펠러 대학 연구팀이 3~5세 아이들 28명을 대상으로 새로운 '마시멜로 실험'을 실시했습니다. 아이들에게 컵 꾸미기 작업을 위해 미술 재료를 줄 테니 기다리라고 말한 뒤 절반에게는 재료를 주고, 나머지 절반에게는 주지 않았어요. 그런 다음 1966년과 동일하게 마시멜로 실험을 실시했습니다. 그랬더니 미술 재료를 받았던 아이들이 받지 못했던 아이들보다 더 오랜 시간 마시멜로를 먹지 않고 견뎠습니다. 이 결과는 신뢰를 경험한 아이는 그렇지 않은 아이보다 더 높은 자기절제력을 보임을 시사합니다. 생각해보세요. 준다던 미술 재료를 끝내

받지 못했던 아이가 마시멜로를 먹지 않고 참으면 하나 더 주겠다는 말을 어떻게 믿고 자기절제력을 발휘하겠어요.

연구자들이 자기절제력의 열쇠를 부모와의 유대감과 애착에서 찾는 이유도 바로 여기에 있습니다. 자기절제력은 전전두엽의 최상위 기능이자 가장 늦게 발달하는 능력이지만, 그 토대는 생애 초기에 세워집니다. 부모가 아이의 요구와 감정적 신호에 민감하게 반응하면 아이는 세상이란 믿을 만하고 안전한 곳이라는 생각을 갖게 됩니다. 이런 믿음과 신뢰가 있어야 자기감정을 조절하고 인내심을 발휘할 수 있지요.

심리학자 로이 바우마이스터(Roy Baumeister)는 의지력은 근육과 같아서 사용할수록 더 강해진다고 했습니다. 부모의 따뜻한 보살핌이 일관성 있게 지속되어 안정된 애착을 형성하면 아이는 이를 기반으로 자기통제력을 발달시키고, 이렇게 갖게 된 자기통제력은 점차 커지면서 소중한 자산이 됩니다. 학업은 물론이고 어떤 분야에 도전하든 성실하게 매진하는 아이가 될 것입니다. 또 분노나 공포 같은 극단적인 감정을 잘 제어하고 공감을 잘해 언제나 타인에게 신뢰를 주고, 사회적으로 인정받는 사람이 될 것입니다.

처음 질문으로 다시 돌아가겠습니다. 머리가 좋다는 것은 어떤 의미일까요? 만 3세 이전은 인생에서 두뇌 신경 회로가 가장 많이 발달하는 시기입니다. 환경 자극에 따라 두뇌 내 신경연접들이 증가하기도 감소하기도 하면서 성장하고 발달하는 중요한 때이지요. 하지만 이것을 조기교육이 필요하다는 뜻으로 받아들여서는 곤란합니다. 때 이른 학습은 정서와 사회성을 관장하는 뇌 영역을 취약하게 하고, 균형 있는 뇌 발달을 저해한다는 것을 알아야 합니다. 이른 나이에 한글을 줄줄 읽고 덧셈뺄셈을 척척 해낸다고 해서 영재는 아닙니다. 단지 읽고 쓰기나 셈을 담당하는 뇌 부위가 다른 아이보다 먼저 발달했을 뿐이지요. 이 사실을 모르고 마구잡이로 공부만 시켰다가는 뇌 신경 회로가 망가질 위험이 있습니다. 부모가 욕심내는 읽고 쓰기, 외국어 교육, 수학 교육 등은 물리적·수학적 기능을 담당하는 두정엽과 언어 영역을 관장하는 측두엽이 발달하는 만 6세 이후에 시작하는 것이 올바른 시간표입니다. 초등학교 입학 시기가 만 6세인 것도 이런 이유 때문입니다.

농작물이 필요하다고 해서 아무 땅에나 씨를 뿌릴 수는 없습니다. 농작물을 키우려면 먼저 땅을 개간해야 하지요. 그렇지 않으면 아무리 좋은 씨를 뿌리고 지극정성으로 가꾼대도 수확을 할 수 없습니다. 아이 키우는 일도 마찬가지입니다. 공부 잘하는 아이로 키우고 싶다고 일찍부터 한글이니 영어니 욕심껏 가르치는 것은 개간도 안 한 땅에 씨를 뿌리는 것과 같아요. 만 3세 이전은 땅을 개간하는 때입니다. 공부를 시킬 게 아니라 뇌가 균형 있게 발달하도록 오감을 고루 자극하고 긍정적인 경험을 하게 도와야 합니다. 그리고 안정된 애착을 바탕으로 자기절제력을 키우는 데 주력해야 합니다.

머리 좋은 아이로 키우고 싶다고요? 그렇다면 억지로 아이 손에 연필을 쥐여 책상 앞에 앉히지 마세요. 대신 아이 눈을 바라보며 감정에 공감해주고 더 많이 안아주고 오랜 시간 함께 놀아주세요. 부모를 신뢰할 수 있게 한결같은 애정을 보여주세요. 부모에 대한 아이의 믿음이 세상에 대한 믿음이 되고, 결국 자신에 대한 믿음으로 되돌아오기까지 곁에서 지켜주세요. 자기절제력을 가진 아이, 머리 좋은 아이, 성공하는 방법을 아는 아이는 그렇게 길러집니다.

두뇌가 좋아하는 장난감

- 함께 놀 부모. 아무리 좋은 장난감도 아이 혼자 갖고 놀게 하면 두뇌 자극에 도움이 안 됩니다.
- 블록이나 찰흙처럼 형태는 단순하지만 용도는 다양한 장난감.
- 인형, 비행기, 자동차, 기차 모형처럼 이야깃거리로 활용할 수 있는 장난감.
- 소근육을 발달시키고 창의력을 키워주는 갖가지 미술 용품.
- 다양한 감각을 자극하는 악기 장난감.

우리 아이 이렇게 칭찬해주세요

"너 참 똑똑하구나"라는 말은 칭찬이 아니라 독입니다. 실패가 두려워 어려운 과제에 도전하지 못하는 아이로 키울 수 있으니까요. 타고난 특성이나 자질이 아닌, 아이가 통제할 수 있는 행동에 주목해야 좋은 칭찬입니다. 똑똑하다는 칭찬으로는 아이를 똑똑하게 키울 수 없음을 명심하세요. "참 열심히 했구나", "정말 좋은 선택이야" 같은 말로 행동을 격려하며 칭찬해주세요.

본격적인 학습은 언제부터 시작할까?

아이마다 차이는 있지만, 한글 교육은 만 3~4세에 시작하는 것이 좋습니다. 또래와 어울리며 규칙과 개념을 깨치는 시기라 문자 규칙도 이해하기 쉽습니다. 처음부터 강압적인 학습 분위기를 조성하기보다는 좋아하는 책을 반복해서 읽어주고, 친숙한 과자 포장지나 책 표지에 적힌 글자를 손가락으로 짚어주는 정도로 시작하세요. 수학 교육은 상징 개념을 이해하는 만 4세 이상부터 가능합니다. 그 이전에는 숫자를 셀 수는 있어도 의미까지 파악하긴 힘듭니다. 지금은 일상생활에서 놀이를 통해 자연스레 분류와 비교 등 수학적 기초를 다지게 도와주세요.

아들과 딸은
어떻게 다를까요

뇌과학이 발달하면서 남자아이와 여자아이의 차이를 뇌 발달 속도에서 찾으려는 연구가 많아졌습니다. 개인차는 있지만, 딸이 아들보다 말을 빨리 배우고, 위험한 짓을 덜 하며 말썽도 덜 부리지요. 아이가 어린이집에 다닐 시기가 되면 그 차이가 더 커집니다. 읽고 쓰고 그리고 오리는 교육 활동은 물론이고, 규칙을 따르거나 교사 말에 집중하는 일까지 여자아이가 남자아이보다 뛰어나니까요.

만일 부모와 교사가 남자아이와 여자아이의 뇌 발달에 속도 차이가 있다는 사실을 이해하지 못한다면 아들은 딸보다 늦된 골칫덩이라고 쉽게 단정할 위험이 있습니다. 딸이라고 크게 다를까요. 학습 성취도가 왜 기분에 따라 달라지는지, 왜 방 안에서 인형 놀이만 하려 하는지는 여자아이의 뇌 발달 속도를 고려하지 않으면 이해하기 어렵습니다. 아이가 어린이집에서 본격적인 단체 생활을 시작할 시기가 오면 다른 집 아이와 끊임없이 비교당할 수밖에 없습니다. 아들과 딸 사이에 어떤 차이가 있는지 알아야 우리 아이의 이해 못 할 행동과 성향을 어떻게 받아들이고 어디로 이끌지가 보입니다.

남녀 차이가 가장 확연히 드러나는 분야는 바로 언어 영역입니다. 여자아이가 남자아이보다 말을 빨리 배우고 어휘력도 월등하지요. 1995년 예일 대학 연구팀이 남녀가 말을 할 때 뇌를 어떻게 사용하는지 MRI로 관찰한 결과 남자는 좌뇌를, 여자는 좌뇌와 우뇌를 모두 사용함을 알아냈습니다. 노스캐롤라이나 대학 연구팀도 이와 비슷한 연구 결과를 내놓았어요. 글을 읽을 때 남자는 좌뇌만 이용하지만, 여자는 양쪽 뇌를 모두 쓴다는 거예요.

감정 표현에서도 남녀 차이는 극명하게 드러납니다. 영국 케임브리지 대학 연구팀이 신생아에게 모빌과 사람 얼굴을 보여주고는 무엇에 더 관심을 보이는지 관찰했습니다. 그랬더니 남자아이는 모빌, 여자아이는 사람 얼굴에 더 관심을 보이는 걸로 나타났어요. 또 다른 연구 결과에 따르면 생후 24시간 동안 여자아이가 남자아이보다 다른 아기들 울음소리에 더 많이 반응한다고 합니다. 여자아이가 남자아이보다 사람에 더 관심이 많은 성향을 갖고 태어났다는 뜻입니다. 그러니 딸이 아들보다 눈치를 더 잘 살피고 분위기 파악에 능숙할 수밖에 없지요.

만 7세까지는 감정과 관련한 뇌 활동은 편도체에서 이루어집니다. 그런데 여자아이는 자랄수록 감정 관련 뇌 부위가 대뇌피질 전체로 넓어집니다. 남자아이는 주로 우뇌에서 감정을 관할하는 반면에 여자아이는 좌우 뇌를 연결하는 뇌량이 두꺼워 감정을 관할하는 부위가 양쪽 뇌에 고루 분포하고 있지요. 이쯤 되면 여자들이 늘 궁금해하던 문제 하나가 풀립니다. 생후 30개월 아들이나 만 35세 남편이나 왜 그리도 감정 표현에 서툰지 하는 문제 말이지요.
감정이 풍부하고 사람에게 관심이 많은 덕분에 여자아이는 남자아이보다 온순하고 다루기 쉬운 게 사실입니다. 하지만 이런 특성이 늘 장점으로 작용하진 않아요. 여자아이는 감정을 관할하는 부위가 뇌 전체에 넓게 퍼져 있어서 감정의 영향을 심하게 받습니다. 친구와 싸웠거나 부모에게 꾸지람을 들은 날이면 불안과 슬픔이 학업이나 일상생활에 지장을 초래하지요. 하지만 남자아이는 부정적인 감정을 느껴도 그 영향을 크게 받지 않고 제 할 일을 합니다.

지능 면에서는 남녀 차이가 없습니다. 하지만 공간지각 능력은 남자아이가 여자아이보다 더 뛰어납니다. 앞에서 설명한 대로 남자아이는 우뇌가, 여자아이는 좌뇌가 먼저 성장하는데, 공간지각 능력을 담당하는 회로는 우뇌에 있거든요. 공간 지각 능력이 우수한 덕분에 남자아이는 평면에 그려진 그림을 보고도 입체를 떠올리고 시각화하는 과제를 잘 수행하지요.

결국 남녀 간의 차이는 공감 능력과 체계화 능력으로 설명할 수 있습니다. 여자아이는 공감하는 능력이, 남자아이는 체계화하는 능력이 탁월합니다. 공감 능력이란 타인의 입장이 되어 생각하는 것을 말하고, 체계화하는 능력이란 어떤 사물의 구조와 원리를 파악하는 것을 가리킵니다. 다시 말해 공감 능력은 사람, 체계화 능력은 사물에 관한 통찰력을 뜻하지요.

자, 이제 아들과 딸의 특성이 어느 정도 이해되시나요? 아들이 기차와 중장비 장난감, 공룡과 희귀한 바다 생물에는 그토록 집착하면서 부모나 교사 말은 귓등으로 흘려듣는 것은 사람보다 사물에 관심이 크고, 공감 능력보다는 체계화 능력이 발달했기 때문인 거죠. 마찬가지로 딸이 양육자의 기분을 잘 살피고, 감정 표현에 뛰어난 것은 사물보다 사람에 관심이 많고, 공감 능력이 발달했기 때문이고요.

✰✰ 성별에 따른 차이는 존중하되 개별적 특징은 존중해주세요

아들과 딸의 뇌 발달 속도가 어떻게 다른지 살펴보았으니 이제 어떻게 키울지를 고민할 차례겠지요. 다들 인정하다시피 딸은 아들보다 키우기 수월한 편입니다. 일상에서 딸아이의 공감 능력과 감정 표현 능력을 십분 활용하는 것이 좋아요. 그림책을 읽어줄 때 "주인공은 지금 어떤 마음일까" 하고 감정을 상상하게 하면 더 흥미를 갖게 할 수 있습니다. 친구랑 싸웠을 때는 "네가 친구 입장이라면 얼마나 슬프겠니"라고 물어보고, 훈육할 때는 "○○가 엄마랑 한 약속을 안 지켜서 엄마는 정말 속상하구나" 하고 공감 능력을 자극하면 효과적이에요.

여자아이는 남자아이에 비해 듣는 감각이 발달해서 조금만 큰 소리가 나도 예민하게 반응하기 쉬워요. 부모가 무심코 큰소리를 내면 딸은 자기를 비난하고 야단치는 것이라 받아들이고 두려워합니다. 따라서 딸에게는 부드럽고 낮은 목소리로 말을 건네는 게 좋아요.

딸아이가 정적인 활동만 하려 하면 일부러라도 바깥 활동을 장려할 필요가 있습니다. 아들은 바깥에만 데리고 나가면 달리고 구르면서 저 혼자 잘 놀지만, 딸은 부모가 놀이를 유도하는 것이 좋습니다. 딸의 뛰어난 모방 능력을 활용하세요. 부모가 공 던지기, 자전거 타기 등 시범을 보이면 금세 따라 즐길 거예요. 그렇다고 동적인 바깥 활동을 지나치게 강요해서는 안 됩니다. 적절히 장려는 하되, 아이가 정적인 활동을 즐긴다면 타고난 기질로 존중해주어야지요.

자, 이제 아들 차례입니다. 알다시피 아들 키우기는 녹록지 않습니다. 남성호르몬인 테스토스테론은 생후 몇 달이 지나면 분비가 점차 줄어 여자아이와 거의 비슷한 수준이 되지만, 만 3세 이후부터 분비량이 늘면서 일명 '남성성'이 폭발합니다. 덕분에 이 시기 남자아이들은 산만하고 에너지가 넘치고 폭력적인 성향을 보이기 쉽지요. 아들 키우는 부모들 고생문이 활짝 열리는 시기도 바로 이때부터입니다. 야단치고 윽박질러 아이를 고분고분하게 만들겠다는 야심은 버리세요. 절대 부모 욕심대로 되지 않습니다. 오히려 태권도, 축구, 샌드백 치기, 아빠와의 레슬링 시합 등 격렬한 운동으로 에너지를 마음껏 분출할 기회를 주는 게 좋아요.

향후 어린이집에 보내게 되면 여자아이들과 비교하지 않도록 조심해야 합니다. 특히 만 3세 무렵, 여자아이는 소근육과 언어 능력이 발달하지만 남자아이는 대근육이 발달합니다. 여자아이가 단체 생활과 학습에 유리한 조건을 갖출 때 남자아이는 오히려 불리한 조건을 갖추는 셈이에요. 게다가 교사 대부분과 엄마는 여자라서 남자아이의 성향을 이해하기가 쉽지 않습니다. 그러니 칭찬은 여자아이들이 듣고, 꾸중과 지적은 남자아이들 차지가 될 수밖에요. 하지만 남자아이 입장에서는 억울한 일이지요. 일부러 선생님 말씀을 무시하거나 산만하게 군 게 아니라 그저 뇌가 시키는 대로 했을 뿐이거든요.

남자아이에게 무언가를 지시할 때는 크고 분명한 목소리로 간결하게 하세요. 남자아이는 여자아이에 비해 청력이 약하고 장황한 말에 주의를 기울이지 못하니까요. 초등학교 여자 교사가 남자아이들을 ADHD로 곧잘 오해하는 이유가 여자아이를 대할 때처럼 부드럽고 작은 목소리로 지시하기 때문이라고 주장하는 학자도 있어요. 남자아이들은 교사의 목소리가 작아 지시를 듣지 못했을 뿐인데, 교사 입장에서는 주의력 결핍으로 오해하는 일이 종종 있다는 거죠.

여자아이보다 읽고 쓰기가 느리다고 아들을 다그쳐서도 안 됩니다. 누누이 말씀드리지만, 아들이 딸보다 늦되거나 모자란 게 아니라 그저 뇌 발달 속도가 다를 뿐이에요. 초등학교 저학년까지는 남자아이가 여자아이보다 읽고 쓰기에서 1년 정도 뒤처지는 것 같아도 나중에는 비슷한 수준이 됩니다. 이 속도 차이를 견디지 못하고 아들을 닦달하면 자신감과 자존감을 떨어뜨려 다른 과목까지 뒤처지게 만들 수 있어요.

남자아이는 사물에 관심이 많으니 그림책은 사물이나 활동을 다룬 것으로 고릅니다. 주인공 감정보다 행동을 중심으로 이야기를 나눠야 아이가 흥미를 잃지 않습니다. 사물에 대한 호기심을 마음껏 충족시킬 환경을 만들어주는 일도 중요합니다. 부모가 너무 깔끔하면 아이는 주변을 탐색할 의욕을 잃습니다. 정리정돈은 하루 한 번만 시키고, 나머지 시간은 마음껏 어지르며 이것저것 탐색하도록 도와주세요.

"우리 아들은 차분하고 말도 잘하는데?", "우리 딸은 공룡에 푹 빠져 사는데?" 하고 반박할 부모님도 있을 것입니다. 제가 지금까지 설명한 내용은 어디까지나 남녀 뇌 발달 속도의 평균적이고 통계적인 차이일 뿐입니다. 대한민국 남성의 평균 키가 173센티미터 정도라고 해서 주변 모든 남자의 키가 그렇다는 이야기는 아니잖아요. 남자아이와 여자아이의 뇌 발달 속도도 마찬가지입니다. 남자아이와 여자아이의 차이는 집단 간의 차이일 뿐 결코 개인의 차이가 아니에요. 청산유수로 말 잘하는 아들, 기차라면 사족을 못 쓰는 딸도 당연히 있지요. 일부 우수한 아이들은 여성적인 뇌와 남성적인 뇌의 특성을 동시에 갖고 태어나기도 하고요.

아들과 딸의 뇌는 분명 다릅니다. 하지만 그 사실이 고정관념으로 작용해서는 안 됩니다. 예를 들어 남자아이가 여자아이보다 공간지각 능력이 뛰어나다고 해서 수학 점수가 높으리라 기대하는 것은 고정관념입니다. 남학생과 여학생의 수학 성적을 비교하는 연구가 꽤 있었지만, 성별이 수학 성적에 영향을 미친다는 뚜렷한 증거는 발견하지 못했어요. 오히려 교사나 부모의 기대가 성적에 더 큰 영향을 미치는 것으로 나타났지요. 남학생의 수학 성적이 늘 높다고 말한 뒤 시험을 치르게 하면 남학생들 점수가 높았고, 남녀 간 수학 성적에 차이가 없다고 말한 뒤에는 실제로도 차이가 없었다는 것입니다. "너는 여자애라 수학을 못하는 거야", "원래 수학은 남자가 더 잘하는 거야" 같은 고정관념에 사로잡힌 말이 아이들에게 얼마나 큰 영향을 미치는지 잘 보여주는 실험 결과지요.

아들과 딸의 뇌 발달 과정을 이해하는 것과 "넌 남자니까", "넌 여자니까" 하는 굴레를 씌우는 것은 엄연히 다릅니다. 성차는 운명이 아닙니다. 아이가 남자로서, 여자로서 타고난 바는 인정하고 존중하되, 성별을 떠나 한 개인으로서 잠재력을 발휘할 수 있도록 다양한 경험을 제공하고 격려하는 것이 부모의 역할입니다.

보육 기관에 보내기 전,
애착과 기질부터 점검하세요

조만간 아이를 어린이집에 보낼 생각에 벌써부터 밤잠을 설치고 계신가요. 부모가 맞벌이를 하거나 동생이 태어나는 바람에 일찍부터 어린이집이나 놀이방에 다니게 된 아이도 있지만, 대개는 만 3세부터 보육기관에 갈 준비를 하지요. 전문가들이 보육기관에 보내기 적당한 나이로 만 3세를 꼽는 이유는 무엇일까요? 만 3세 이전에는 양육자와의 일대일 관계를 통해 신뢰감을 다지고 안정적인 애착을 형성하는 것이 매우 중요하기 때문입니다. 이 일대일 애착이 단단해야 다른 사람을 신뢰하고, 건강한 관계를 맺을 수 있거든요. 아이가 좌절을 겪거나 난관에 부딪혔을 때 금세 회복하는 힘도 바로 주 양육자와의 일대일 애착 관계에서 나옵니다. 그래서 안정적 애착을 일명 '정서 백신'이라고도 하지요.

발달 검사 결과 아이의 사회성 발달이 더디다고 하면 으레 어린이집에 늦게 보낸 것이 원인이냐고 묻습니다. 하지만 일찍부터 어린이집에 보내 또래와 어울릴 기회를 준다고 해서 사회성이 발달하는 것은 아닙니다. 사회성 발달은 오히려 어린이집에 가기 전, 양육자와 맺는 애착 형성과 관련이 깊습니다. 양육자와 안정적인 애착을 형성한 아이는 이를 기반으로 다른 친구와도 안정적인 관계를 맺습니다. 반면 양육자와 안정적인 애착을 형성하지 못하면 친구들과의 관계도 삐걱거릴 수밖에 없습니다. 만 3세부터 어린이집에 다녀도 좋다는 것은 생후 3년 동안 주 양육자와 건강하고 안정적인 애착을 형성하여 또래나 교사와도 긍정적인 관계를 맺을 준비가 된 시기라고 보기 때문입니다.

애착 형성이 중요하다고 해서 만 3세 이전에는 무조건 엄마가 아이를 돌봐야 한다는 이야기는 아닙니다. 우리나라에서는 '애착'이라는 단어가 엄마를 옥죄는 족쇄로 쓰이는 것 같아 마음이 아픕니다. 애착 형성이 중요하다는 것만 알지, 어떻게 형성되는지 이해하지 못하면 엄마들에게만 일방적인 희생을 강요하게 됩니다. 보육 시설의 수가 터무니없이 부족하고, 아빠들이 육아에 참여하기 쉽지 않은 상황에서는 더욱 그렇지요.

건강하고 안정적인 애착 형성을 위해 엄마가 직장도 포기한 채 아이와 24시간 붙어 지내야 하는 것은 아닙니다. 아이가 애착을 형성하는 대상이 반드시 엄마여야 할 필요는 없어요. 조부모든 아빠든 베이비시터든 주 양육자라면 누구라도 애착 형성의 대상이 될 수 있습니다. 단지 주 양육자가 엄마인 경우가 많아 '엄마와의 애착'이라는 말이 자주 쓰이는 것뿐이지요.

아이와 무조건 많은 시간을 붙어 지내야 긍정적인 애착 형성이 되는 것도 아닙니다. 예를 들어 주 양육자가 우울증에 걸렸다면 아이와 종일 붙어 있어도 안정된 애착을 형성하긴 어려울 것입니다. 애착을 형성하는 데는 보내는 시간의 양보다 질이 더 중요합니다. 아이의 요구와 감정 표현에 민감하게, 즉시 반응하는 것이 애착 형성의 핵심입니다. 그러려면 늘 아이 곁에 있는 전업주부가 유리하겠지만, 직장 다니는 엄마라도 짧은 시간을 질 높게 활용하면 얼마든지 안정적인 애착을 형성할 수 있습니다. 결국 전업주부냐, 맞벌이 엄마냐를 떠나 아이를 어떤 태도로 대하느냐가 더 중요한 셈이지요.

만 3세를 어린이집 보낼 적기라고 하는 것은 애착뿐 아니라 분리 불안과도 관련이 있습니다. 분리 불안이 심한 아이 때문에 화장실도 마음 놓고 못 갔던 기억, 다들 있으시죠? 생후 6~7개월부터 시작된 분리 불안은 생후 14~18개월에 가장 심해졌다가 만 3세 무렵 전두엽이 어느 정도 발달하면서 점차 사라집니다. 이 시기부터는 하위 뇌에서 불안 경보가 울려도 전두엽이 개입하여 스스로 기분을 전환할 줄 알게 됩니다. 물론 이런 과정에는 개인차가 커서 아이에 따라서는 만 5세까지 분리 불안이 계속되기도 하지요.

어린이집에 언제부터 보내는 게 가장 이상적인지는 결국 애착 형성 정도와 아이 기질에 따라 달라집니다. 만 3세가 지났다고 모든 아이가 어린이집에 잘 적응하는 것은 아니며 이보다 일찍 보낸다고 다 문제가 되진 않지요. 그저 만 3세 정도면 안정적인 애착을 형성하고 분리 불안이 사라질 즈음이니 어린이집에서 또래와 단체 활동을 시작해도 크게 무리는 없으리라고 평균적으로 예측할 뿐입니다. 어린이집 등원을 시작하고 처음 며칠은 아이도 엄마도 무척 힘듭니다. 만 3세면 분리 불안이 점차 사라진다고는 해도 난생처음 엄마와 떨어지는 아이 입장에서는 불안하고 두려운 마음이 클 거예요. 그런 아이를 보는 엄마도 마음이 편치 않을 거고요. 아이가 아침마다 등원을 거부하면서 매달리는 건 떼를 쓰거나 관심을 끌려는 게 아니라 엄마에게 도움을 요청하는 것입니다. 뇌에서 분비되는 스트레스 화학물질의 농도를 낮추려고 저도 모르게 엄마와의 신체 접촉을 시도하는 거죠. 이럴 때 강압적으로 아이를 떼어놓으려 하면 뇌에서 스트레스 화학물질이 더욱 치솟아 안정시키기가 훨씬 어려워집니다. 그러니 아이가 매달리면 꼭 안아주세요. 엄마와 포옹하면 아이 뇌에서 오피오이드와 옥시토신을 분비하여 공포와 불안감에 질린 감정의 뇌를 진정시킵니다. 아이가 어느 정도 진정되면 차분하게 말해주세요. "어린이집에서 잘 놀고, 이따가 엄마랑 다시 만나자" 하고요.

대개는 등원한 지 한 달쯤 지나면 엄마와 씩씩하게 잘 헤어집니다. 그런데 몇 달이 지나도 아침마다 울며불며 매달리는 아이도 있어요. 아이가 엄마와 떨어지기 힘들어하면 애착 형성에 문제가 있는 것은 아닐지 고민하게 마련이지요. 물론 불안정한 애착이 원인일 수도 있지만, 아이 기질 때문일 수도 있으니 지레 죄책감부터 가질 필요는 없습니다. 아이가 어린이집에서 돌아오면 애정 표현을 더 많이 하고, 어린이집에 대해 긍정적인 이야기를 들려주세요. 예민하고 적응 느린 아이도 점차 어린이집에 익숙해질 것입니다.

아이가 어린이집에 가기 싫다고 하면 하원할 때 아이 기분을 잘 살펴보세요. 그때 아이 기분이 좋으면 어린이집에서 잘 생활하고 있다는 뜻이니 안심해도 좋습니다. 반면 집에 돌아오는 길에도 여전히 불안해하고 기분이 좋지 않다면 어린이집 교사와의 상담을 통해 문제점이 무엇인지 파악해야 합니다.

아이가 보육 기관에 잘 적응하지 못하면 엄마들은 죄책감에 시달립니다. 맞벌이 엄마는 '직장을 그만두어야 하나' 심각하게 고민하고, 전업주부 엄마는 '집에서 놀면서 애 고생시킨다'는 소리를 들을까봐 전전긍긍합니다. 하지만 너무 걱정하지 마세요. 이제까지 그래왔던 것처럼 이 또한 지나갑니다.

특히 직장 다니는 엄마라면 이제부터 시작이니 마음을 단단히 먹어야 합니다. 아이가 어린이집에 다니기 시작하면 어린 나이에 엄마 품 떠나 고생인 것 같아 미안하고, 초등학교에 들어가면 엄마가 간식 한번 못 챙겨줘 미안하고, 중학교에 들어가면 엄마가 집에 없으니 마음 붙일 데가 없을 것 같아 미안해집니다. 하지만 이런 죄책감 행진은 엄마한테도 아이한테도 좋지 않아요. 미안하니까 야단도 못 치고, 미안하니까 용돈이나 선물로라도 보상하려 하거든요.

중요한 건 엄마가 아이 곁에 있는 시간이 아니라 아이에게 보이는 태도입니다. 일에 보람을 느끼고 행복해하는 모습을 보여주세요. 아이는 당당하고 자신감 넘치는 엄마의 모습을 좋아합니다. 소아정신과에 갓 입문했던 초심자 시절에 저는 아이에게 생긴 문제의 모든 해답을 부모에게서만 찾으려고 했습니다. 하지만 아이를 직접 낳아 키우고, 진료실 경험도 늘면서 생각이 조금씩 달라졌어요. 부모만 아이에게 영향을 주는 것이 아니라 아이의 기질이 부모에게 영향을 주기도 한다는 것을 알게 되었지요. 사회구조가 양육과 교육 환경에 걸림돌이 될 수 있다는 것도 깨달았고요.

아이에겐 부모가 작은 우주이자 세상의 전부이지만, 아이는 사회 전체가 함께 키워야 합니다. 부모 의지만으로 바로잡을 수 없는 외부의 불합리한 시스템까지 내 탓으로 끌어안고 자책하지 마세요. 아이에게 생긴 모든 일을 자기 탓으로 돌리지도 마세요. 아이 잘 키우기 어려운 시대, 이만하면 우리는 꽤 좋은 부모입니다.

두뇌
쑥쑥
놀이

빨대 목걸이 만들기

놀이방법

정교한 손동작이 가능해지는 시기인 만큼 조금 어려운 놀이에 도전해볼까요? 빨대를 털실에 끼워 목걸이를 만드는 놀이입니다. 색깔이 다양한 빨대와 털실, 안전 가위를 준비하세요. 털실을 적당한 길이로 자릅니다. 빨대를 여러 조각으로 잘라 털실에 끼울 거예요. 그러니 빨대가 빠져나가지 않게 털실 한쪽 끝을 뭉툭하게 묶어야겠지요? 여기까지는 부모가 해주고, 아이에게는 안전 가위로 빨대를 2~3센티미터 길이로 자르라고 합니다. 시범을 보여주면 잘 따라 할 거예요. 그런 다음 털실에 빨대 조각을 줄줄이 끼우게 합니다. 빨대 목걸이 만들기에 익숙해졌다면 놀이의 난도를 좀 더 높여도 좋아요. 빨대를 끼울 때 빨강, 파랑, 빨강, 파랑 식으로 번갈아 끼우는 시범을 보인 뒤 아이더러 따라 끼우라고 하는 거죠.

놀이효과

눈과 손의 협응력, 집중력을 쑥쑥 키우는 놀이예요. 처음에는 두 종류로 시작했다가 점차 세 종류, 네 종류로 늘려봅니다. 빨대 조각을 다 끼웠으면 털실 양쪽을 묶어 아이 목에 걸어주세요. 이 모습을 사진으로 찍어 벽에 붙여두면 아이가 두고두고 성취감을 느낄 수 있습니다.

눈과 손의 협응력을 길러요

바구니에 공 던지기

놀이 방법

빨래 갤 때 아이 속옷이며 양말을 말끔하게 개서 바구니에 던지는 거예요. 바구니 대신 윗부분을 오려낸 택배 상자나 휴지통을 사용할 수도 있어요. 양말 대신 신문지를 꽁꽁 뭉치거나 고무공을 써도 좋고요. 처음에는 가까이서 던지게 하다가 골인 횟수가 늘면 점차 거리를 늘려가세요. 이런 놀이는 경쟁이 붙어야 더 재미나게 즐길 수 있지요. 온 가족이 떠들썩하게 웃고 응원해가며 참여해보세요.

놀이 효과

살림도 하고, 아이와 즐거운 시간도 보내는 놀이예요. 제가 부모들에게 적극 추천하는 놀이인데요. 보기엔 쉬운 것 같아도 균형 감각과 집중력, 신체 조절 능력이 있어야 성공할 수 있답니다. 점수판을 만들어 각자가 도전하고 성공한 횟수를 기록하면 숫자에 익숙해질 기회도 줄 수 있습니다.

소근육 발달과 언어 능력 향상에 좋아요

손뼉치기

놀이방법

어릴 적 즐겨 하던 손뼉치기 놀이 기억하시나요? 정겨운 전래 동요와 단순한 손동작으로 이루어진 이 놀이에 흠뻑 빠져서 둘만 모이면 누가 먼저랄 것도 없이 손바닥을 짝짝 맞부딪치곤 했었잖아요.

기억이 가물가물한 분들을 위해 '아침 바람 찬바람에'를 소개합니다. 가사를 보면 멜로디와 손동작은 저절로 떠오를 거예요.

> " 아침 바람 찬바람에(내 손뼉 한 번, 상대 손뼉 한 번)/울고 가는 저 기러기(우는 시늉 하다가 오른손으로 하늘 가리키고)/우리 선생 계실 적에(오른손, 왼손 차례로 가슴에 얹었다가 가볍게 흔들어주고)/엽서 한 장 써주세요(왼손바닥에 오른손으로 엽서 쓰는 시늉)/한 장 말고 두 장이요(손가락으로 숫자 표시)/두 장 말고 세 장이요(손가락으로 숫자 표시)/세 장 말고 네 장이요(손가락으로 숫자 표시)/네 장 말고 다섯 장이요(손가락으로 숫자 표시)/구리 구리 구리구리(양손을 돌리다가)/가위바위보('보' 소리에 맞춰 가위바위보 중 하나 내기)"

가위바위보를 해서 진 사람은 엎드리고 이긴 사람은 진 사람 목뒤를 손가락 하나로 꾹 누릅니다. 그러면 진 사람은 어떤 손가락으로 눌렀는지 맞혀야 해요.

놀이효과

끊임없이 손을 움직여 두뇌를 자극하고
언어 능력까지 키워주는 놀이랍니다.

분류 개념을 익히고 청소도 해요

장난감 치우기

놀이 방법

일단 장난감을 담을 커다란 플라스틱 통이 필요합니다. 통에 담길 장난감 종류를 아이에게 알려주기 위해 장난감 사진을 찍어 붙이세요. 빨간 통에는 블록 사진, 파란 통에는 인형 사진 식으로요. 놀이를 마친 다음 사진에 맞게 장난감을 분류해 통에 넣게 합니다. "열 셀 동안 장난감을 통에 다 넣는 거다!" 또는 "뽀로로 노래가 다 끝나기 전까지 장난감 정리하기다!" 하고 시간을 정해주면 좋아요. 장난감을 집게로 집어 통에 넣게 하면 재미를 더할 수 있고요. 장난감 정리가 끝난 뒤에는 "어제보다 더 빨리 끝냈네", "우리 ○○ 덕분에 방이 아주 깨끗해졌구나" 하고 충분히 칭찬해줍니다.

놀이 효과

너저분하게 늘어놓은 장난감 때문에 골치가 아프다는 엄마들이 많습니다. 늘어놓고 잃어버리는 사람은 따로 있는데, 정리하고 찾아주는 건 늘 엄마 몫이니 한숨이 나옵니다. 그런데 아이가 장난감을 치우게 할 묘안이 있습니다. 장난감 정리를 놀이처럼 하는 거죠. 이런 경험은 아이의 자존감과 책임감 발달에 큰 도움이 됩니다.

카드 기억하기

놀이 방법

같은 그림의 카드를 찾는, 일종의 기억력 게임입니다. 그림 카드 세 쌍을 그림이 보이지 않게 뒤집어 잘 섞었다가 가지런히 늘어놓습니다. 한 장씩 뒤집어 그림을 확인한 뒤 다시 제자리에 원래대로 놓습니다. 이 과정에서 그림이 같은 카드 한 쌍을 발견하면 부모에게 보여주도록 하면 됩니다. 그림 카드 대신 아이 사진을 쓸 수도 있습니다. 같은 사진을 두 장씩 현상하여 카드 대신 쓰는 거죠. 너무 어려워하거나 지루해하지 않으려면 놀이의 난이도를 잘 조절해야 합니다. 그림은 단순하고 명확한 것, 카드 크기는 너무 작지 않은 것을 골라주세요. 어려워하면 카드 개수를 줄이고, 익숙해지면 한 쌍씩 늘려봅니다. 카드가 너무 많으면 오히려 흥미를 잃으니 일곱 쌍 이상은 주지 마세요.

미각 발달과 언어 능력 향상에 좋아요

맛 알아맞히기

놀이 방법

눈을 감은 채 음식을 한 입 맛보고 무슨 음식인지 알아맞히는 놀이입니다. 우선 아이가 좋아하는 음식을 세 가지 정도 고르세요. 아이더러 직접 고르라고 해도 좋습니다. 그런 다음 아이 눈을 손수건으로 가리고 부모가 음식을 한 숟가락 떠서 아이 입 주변으로 가져갑니다. 먼저 냄새를 맡아보라고 한 뒤 음식을 입에 넣어줍니다. "어떤 냄새가 나니? 맛은 어떠니?" 이런 질문을 던지면 좋겠지요.

놀이 효과

아이가 냄새나 맛을 말로 표현할 능력을 길러줍니다.

이불 김밥 말기

놀이 방법

잠꾸러기 아이와 이불로 김밥 말기 놀이를 해보세요. 이불 안에서 늦장 부리는 아이에게 다가가서 "늦잠 자는 ○○, 김밥 말아 앙~ 먹어버려야겠다!" 하고 놀이 시작을 알립니다. 그런 다음 아이가 누워 있는 이불을 돌돌 김밥처럼 맙니다. 그러고는 팔로 쓱싹쓱싹 김밥 써는 흉내를 내는 거죠. 이쯤 되면 웃기고 간지러워서라도 깔깔대며 잠이 깨게 마련입니다.

놀이 효과

몸의 압박감, 움직임, 떨림, 평형감에 대한 감각을 고유수용성 감각이라고 해요. 내 몸이 어떤 위치에서 어떤 방향으로 어떻게 움직이고 있는지 눈으로 확인하지 않고도 알 수 있는 감각이지요. 우리가 보지 않고 셔츠의 단추를 채우고 스마트폰을 들여다보면서 젓가락질을 할 수 있는 건 이 고유수용성 감각 덕분입니다. 이불 김밥 말기 놀이는 아이 몸에 적절한 압박감을 주어 고유수용성 감각을 자극하는 효과가 있어요. 단, 밤에는 하지 않는 편이 좋아요. 아이 신경을 자극하고 들뜨게 해서 오히려 잠을 깨게 할 수 있거든요. 쉬 잠 못 드는 아이라면 이불 김밥 말기 놀이는 아침에만 하세요.

이럴 땐 이렇게 하세요

상황별 육아 Q&A

Q. 아들에게 총이나 칼 같은 폭력적인 장난감을 사주어도 될까요?

A. 집에서 키우는 고양이는 더 이상 사냥할 필요가 없지만, 다양한 장난감을 통해 사냥 본능을 충족시켜주어야 하지요. 진화심리학 관점에서 보면 남자아이가 무기류의 장난감을 좋아하는 것도 이와 비슷해요. 전쟁을 좋아하거나 동경해서가 아니라 원시시대부터 이어온 사냥 본능 때문이지요. 아이가 무기 장난감을 원하면 갖고 놀게 해도 됩니다. 단, 안전하게 갖고 놀 수 있도록 규칙을 정할 필요는 있어요. 사람을 다치게 하거나 물건을 파손하면 안 된다고 미리 말해주어야 합니다. 아이가 지나치게 흥분하지 않도록 곁에서 잘 지켜보는 것도 잊지 마세요.

Q. 젓가락질은 언제부터 가르칠까요?

A. 젓가락질이 소근육 발달에 좋다는 것은 다 아실 거예요. 젓가락질을 하는 데 무려 30여 개의 관절과 60여 개의 근육이 쓰인다고 하네요. 젓가락질 가르칠 시기가 따로 정해져 있는 것은 아니지만, 만 3세 정도면 젓가락질을 가르쳐도 무방할 듯합니다. 단, 아이가 스트레스를 받을 만큼 강압적으로 가르쳐서는 안됩니다. 아동용 젓가락을 이용해 놀이처럼 쉬엄쉬엄 가르쳐보세요. 젓가락으로 작은 블록이나 콩을 옮기는 놀이를 해보는 것도 좋겠네요. 이 시기에는 아이가 주로 어떤 손을 쓰는지가 서서히 드러납니다. 문손잡이부터 지하철 개찰구까지 우리 사회는 왼손잡이에 대한 배려가 많이 부족하지요. 그러다 보니 아이가 왼손을 주로 쓰면 억지로라도 오른손을 쓰게 교정해야 한다는 부모도 꽤 있습니다. 하지만 어떤 손을 주로 쓰는지도 뇌와 관련이 있음을 알아야 합니다. 우뇌가 상대적으로 좌뇌보다 더 발달한 사람이 왼손잡이가 됩니다. 그러니 아이가 편안해하는 손을 쓰게 하세요. 억지로 오른손잡이로 교

정하면 스트레스를 받는 것은 물론이고, 말을 더듬는 등 부작용이 생길 수도 있습니다.

Q. 큰애가 자꾸만 동생을 괴롭혀요.

A. 큰아이에게 동생의 출생은 세상이 뒤집히는 정도의 충격입니다. 질투는 생후 3~4개월부터 나타나는 매우 근본적이고 강렬한 감정이에요. 이것을 상부 뇌가 조절하려면 부모가 잘 도와주어야 합니다. 일단 동생을 괴롭힌 일에 대해서는 훈육이 필요합니다. 동생은 약하니 아프게 하면 안 된다 말해주고, 따뜻하게 안아주며 마음을 다독여주세요. 하지만 이것이 근본적인 해결책은 되지 못합니다. 동생이 태어나면 큰아이는 부모가 더는 자기를 사랑하지 않으며 버릴 수도 있다는 불안과 두려움을 느낍니다. 이 감정을 없애주지 못하면 동생을 괴롭히는 선에서 끝나지 않고 대소변을 못 가리거나 말을 더듬거나 혀 짧은 발음 (베이비 토크)을 하는 등의 퇴행 현상까지 나타날 수 있습니다. 심지어 초등학교 6학년 아이가 동생을 본 후 걷지 못하고 기어다니는 사례도 본 적이 있어요.

가장 근본적인 해결책은 아이를 안심시키는 것입니다. 동생이 태어난 뒤에도 변함없이 사랑한다는 메시지를 전달하는 거죠. 그러려면 아이의 절망감과 상실감을 이해하고 잘 보듬어주어야 합니다. "엄마는 네가 곁에 있어서 참 행복해"라고 자주 말해주고 안아주세요. 네가 형이니까 양보하고 참아야 한다거나 동생을 잘 돌봐야 한다고 말하지 마세요. 동생을 돌보는 것은 부모의 일이지 큰아이 몫이 아닙니다. 힘들겠지만 큰아이와 단둘이서만 시간을 보낼 필요도 있어요. 애완동물이나 화분을 돌보게 하는 것도 좋습니다. 자기가 화분을 돌보는 것처럼 아빠도 동생을 돌봐야 한다는 걸 알게 하고, 자연스레 책임감도 가르칠 수 있어요.

Q. 자기중심적이고 공감을 잘 못해요. 사회성 문제일까요?

A. 이 시기 아이는 여전히 '내 마음이 곧 세상'이라고 느끼는 발달 단계에 있어요. 공감

능력은 4~5세까지도 서서히 자라나는 능력이므로 너무 조급하게 판단할 필요는 없습니다. 책을 함께 읽으며 등장인물의 마음을 상상하거나, "이 친구 기분이 어떨까?" 같은 질문을 던지며 연습을 도와주세요. '마음을 나누는 언어'를 들은 만큼 공감의 회로가 자랍니다.

Q. 나쁜 행동을 할 때마다 그때그때 혼을 내야 하나요?

A. 즉각적인 반응이 필요할 때도 있지만, 일관된 메시지와 감정적으로 흔들리지 않는 태도가 더 중요해요. 그때그때 화를 내기보다, 왜 안 되는지를 짧고 단호하게 설명해 주세요. "사람을 때리면 아파" 같은 구체적인 언어가 효과적입니다. 행동을 교정하는 데는 시간이 필요하고, 반복적인 설명과 부모의 태도가 결정적이에요. 부모와 신뢰를 기반으로 정서적으로 연결된 상태에서 아이는 가장 잘 배우게 됩니다.

- 검사 관련 제시된 문항은 해당 월령 전후로 인지와 사회성, 언어, 운동 발달에 관한 참고 사항을 기반으로 작성되었습니다.

- 만약 제시된 질문을 당장은 하지 못하더라도 2~3개월 후에 할 수 있다면 크게 문제되지 않기에 너무 걱정하지 않아도 됩니다.(해당 월령 전후로 이런 부분이 잘 되는지 확인하는 용도로 사용하세요)

PART 3.

우리 아이
잘 크고 있나요?

: 영유아 월령별 발달 검사 지표
(0~18개월)

번호	질문	답변		
		1	2	3
1	사람을 보고 웃는다.			
2	기분이 좋으면 미소를 짓거나 팔다리를 더 힘차게 움직인다.			
3	소리가 나는 쪽으로 고개를 돌리거나 주변을 살피려 눈이나 고개를 돌린다.			
4	불편한 곳이 있을 때 소리로 표시한다.			
5	눈으로 사물을 따라간다.			
6	활동에 변화가 없으면 지루해한다. (울거나 까다롭게 행동하는 등)			
7	엎드렸을 때 머리를 잠시 들어 올릴 수 있다.			
8	누워서 팔과 다리를 뻗으며 부드럽게 움직인다.			

2개월

1점 : 거의 그렇지 않다.
2점 : 가끔 그렇다.
3점 : 자주 그렇다.

*1점이 최소 두 개 이상 있을 경우 발달지연 가능성이 있으며. 지속적으로 주의 깊은 관찰이 필요합니다.
(단, 2~3개월 이내 3점으로 올라갈 경우 정상 발달로 판단합니다)

4개월

번호	질문	답변		
		1	2	3
1	스스로 웃으며, 특히 사람을 보고 잘 웃는다.			
2	이름을 부르면 쳐다보고 눈을 맞춘다.			
3	기분이 좋거나 불편할 때 다양한 소리를 내며 옹알이를 한다.			
4	어른의 말에 옹알이로 반응하며 어른의 소리를 모방한다.			
5	눈앞에서 장난감을 움직이면 시선이 따라간다.			
6	보호자가 안으려고 할 때 기대하는 듯한 모습을 보인다.			
7	잠시 동안 딸랑이 같은 장난감을 쥐고 흔든다.			
8	스스로 뒤집기를 한다.			

* 1점이 최소 두 개 이상 있을 경우 발달지연 가능성이 있으며, 지속적으로 주의 깊은 관찰이 필요합니다.
 (단, 2~3개월 이내 3점으로 올라갈 경우 정상 발달로 판단합니다)

6개월

번호	질문	답변		
		1	2	3
1	부모와 같이 익숙한 얼굴을 알아본다.			
2	부모와 이야기를 하거나 놀 때 얼굴을 바라본다.			
3	이름을 부르면 쳐다보며 눈을 맞춘다.			
4	웃을 때 소리를 내며 웃는다.			
5	어른의 말에 옹알이로 반응하며 소리를 모방한다.			
6	"아아아"와 같은 모음이 연속된 소리를 반복해서 낸다.			
7	물건들을 입으로 가져간다.			
8	주변 사물에 호기심을 보이고 손이 닿지 않는 곳에 있는 것을 잡으려고 한다.			
9	뒤집기와 되집기를 한다.			
10	누워 있다가 혼자 앉는다.			

*1점이 최소 두 개 이상 있을 경우 발달지연 가능성이 있으며. 지속적으로 주의 깊은 관찰이 필요합니다.
 (단, 2~3개월 이내 3점으로 올라갈 경우 정상 발달로 판단합니다)

8개월

번호	질문	답변		
		1	2	3
1	부모와 이야기를 하거나 놀 때 얼굴을 바라본다.			
2	이름을 부르면 쳐다보며 눈을 맞춘다.			
3	어른을 따라서 까꿍 놀이를 한다.			
4	"엄마" 또는 "아빠"와 비슷한 소리를 낸다. (의미 없이 내는 소리도 포함)			
5	자음과 모음이 더해진 소리를 낸다.			
6	"안 돼"라는 말의 의미를 이해한다. (혹은 행동을 멈추지 않더라도 주저하는 모습을 보인다)			
7	어른이 내는 소리나 행동을 따라 한다.			
8	버튼을 눌러 장난감을 움직일 줄 안다.			
9	장난감을 한 손에서 다른 손으로 옮긴다.			
10	가구 같은 물건을 붙잡고 혼자서 일어선다.			

*1점이 최소 두 개 이상 있을 경우 발달지연 가능성이 있으며, 지속적으로 주의 깊은 관찰이 필요합니다.
(단, 2~3개월 이내 3점으로 올라갈 경우 정상 발달로 판단합니다)

10개월

1점 : 거의 그렇지 않다.
2점 : 가끔 그렇다.
3점 : 자주 그렇다.

번호	질문	답변		
		1	2	3
1	부모와 이야기를 하거나 놀 때 얼굴을 바라본다.			
2	이름을 부르면 쳐다보고 눈을 맞춘다.			
3	낯선 사람을 무서워하거나 낯을 가리는 모습을 보인다.			
4	어른을 따라서 까꿍 놀이를 한다.			
5	검지로 물건을 가리킨다.			
6	자주 사용하는 두 개 이상의 단어를 이해한다. ("주세요", "가자", "밥 먹자" 등)			
7	좋거나 싫다는 의미로 고개를 끄덕이거나 머리를 흔드는 등의 행동을 한다.			
8	다른 사람의 소리나 행동을 모방한다.			
9	보는 앞에서 물건을 숨기면 쉽게 찾는다.			
10	그림이나 장난감 등에 흥미를 가지고 쳐다본다.			
11	물건을 한 손에서 다른 손으로 부드럽게 옮긴다.			
12	스스로 손가락으로 작은 과자를 집어서 먹는다.			

*1점이 최소 두 개 이상 있을 경우 발달지연 가능성이 있으며, 지속적으로 주의 깊은 관찰이 필요합니다. (단, 2~3개월 이내 3점으로 올라갈 경우 정상 발달로 판단합니다)

12개월

번호	질문	답변		
		1	2	3
1	부모와 이야기를 하거나 놀 때 얼굴을 바라본다.			
2	이름을 부르면 쳐다보며 눈을 맞춘다.			
3	어른과 함께 까꿍 놀이를 주고받을 수 있다. (스스로 숨기도 하고 찾기도 한다)			
4	어른의 관심이나 주의를 끌기 위해 소리를 내거나 특정 행동을 한다.(예쁜 짓, 끌어당기기 등)			
5	검지로 물건을 가리킬 수 있다.			
6	여러 상황에서 다양한 얼굴 표정으로 감정을 표현한다. (흥미로움, 놀람, 즐거움, 짜증, 두려움, 슬픔 등)			
7	'엄마', '아빠'를 제외하고 표현할 수 있는 단어가 한 개 이상 있다. (발음이 정확하지 않아도 일정하게 사용하는 말이 있다)			
8	상대방이 말하는 단어나 억양을 비슷하게 따라 한다.			
9	다른 사람의 행동을 흉내 낸다. (인형을 업거나 인형에게 음식을 먹여준다)			
10	사물을 용도에 맞게 사용한다. (숟가락으로 먹기, 컵으로 마시기 등)			
11	보는 앞에서 물건을 숨기면 쉽게 찾는다 .			
12	필기구와 종이를 주면 자유롭게 선을 그으며 끼적인다.			
13	컵이나 우유병을 혼자서 잡고 먹는다.			
14	가구나 벽에 의지하지 않고 잠시 동안 혼자 설 수 있다.			

*1점이 최소 두 개 이상 있을 경우 발달지연 가능성이 있으며, 지속적으로 주의 깊은 관찰이 필요합니다.
 (단, 2~3개월 이내 3점으로 올라갈 경우 정상 발달로 판단합니다)

14~16개월

번호	질문	답변		
		1	2	3
1	부모와 이야기를 하거나 놀 때 눈을 맞춘다.			
2	이름을 부르면 쳐다보고 눈을 맞춘다.			
3	낯익은 어른들에게 인사를 시키면 한다.			
4	어른의 도움이 필요할 때 말이나 몸짓을 통해 도움을 요청한다.			
5	다양한 상황에서 자신이 원하는 것을 말이나 몸짓으로 표현한다.			
6	검지로 물건을 가리킬 수 있다.			
7	여러 상황에서 다양한 얼굴 표정으로 감정을 표현한다. (흥미로움, 놀람, 즐거움, 짜증, 두려움, 슬픔 등)			
8	단어를 사용하여 의도를 표현한다. (예를 들어, 물이라는 단어를 통해 물을 달라고 요구한다)			
9	상대방이 말하는 단어를 따라 하려고 한다.			
10	익숙한 물건의 이름을 들으면 책이나 그림에서 찾아낼 수 있다.			
11	다른 사람의 행동을 따라 한다.(바닥 닦기, 전화 받기 등)			
12	사물을 용도에 맞게 사용한다. (숟가락으로 먹기, 컵으로 마시기 등)			
13	아이에게 말로만 지시했을 때 간단한 심부름을 한다. ("기저귀 가져와" 등)			
14	혼자서 책장을 넘긴다.			
15	아무 도움 없이 스스로 걷는다.			

*1점이 최소 두 개 이상 있을 경우 발달지연 가능성이 있으며. 지속적으로 주의 깊은 관찰이 필요합니다.
 (단, 2~3개월 이내 3점으로 올라갈 경우 정상 발달로 판단합니다)

1점 : 거의 그렇지 않다.
2점 : 가끔 그렇다.
3점 : 자주 그렇다.

18개월

번호	질문	답변		
		1	2	3
1	부모와 이야기를 하거나 놀 때 눈을 맞춘다.			
2	이름을 부르면 쳐다보고 눈을 맞춘다.			
3	여러 상황에서 자신이 원하는 것을 간단한 단어나 소리로 표현한다.			
4	친숙한 사람이 아프거나 슬퍼하는 상황에서 위로하려는 모습을 보인다.(가까이 와서 "호" 하고 불어주는 등)			
5	아이가 다른 사람의 관심을 끌기 위해 주변의 물건들이나 멀리 있는 사물을 손가락으로 가리킨다.			
6	여러 상황에서 다양한 얼굴 표정으로 감정을 표현한다. (흥미로움, 놀람, 즐거움, 짜증, 두려움, 슬픔 등)			
7	익숙한 물건의 이름을 들으면 책이나 그림에서 찾아낼 수 있다.			
8	익숙한 물건을 가리키며 "이게 뭐지?"라고 물으면 사물의 이름을 말한다. (가령 공을 가리키며 "이게 뭐지?"라고 물으면 "공"이라고 함)			
9	두 단어로 된 문장을 비슷하게 따라 한다.("이게 뭐야?" 등)			
10	자신이 원하는 것을 표현할 때 몸짓보다는 단어를 사용하려고 한다.			
11	자신의 신체 부위를 세 개 이상 알고 가리킬 수 있다.			
12	두 개의 연속적인 지시를 따른다. ("물티슈 가지고 와서 여기 닦아" 등)			
13	세모, 네모, 동그라미와 같은 간단한 도형 조각을 모양 판에 맞추어 끼운다.			
14	숟가락으로 들고 음식물이 쏟아지지 않게 입으로 가져간다.			
15	장난감을 두 개 정도 위로 쌓는다.			
16	난간을 붙잡거나 손을 잡아주면 한 계단에 양발을 모은 뒤 한 발씩 계단을 내려간다.			

*1점이 최소 두 개 이상 있을 경우 발달지연 가능성이 있으며, 지속적으로 주의 깊은 관찰이 필요합니다.
(단, 2~3개월 이내 3점으로 올라갈 경우 정상 발달로 판단합니다)

천근아의 두뇌 육아

초판 1쇄 발행 2016년 8월 24일
개정판 1쇄 발행 2025년 6월 10일

지은이 천근아
펴낸이 최순영

출판1본부장 한수미
라이프 팀장 곽지희
편집 이선희
디자인 함지현

펴낸곳 ㈜위즈덤하우스 **출판등록** 2000년 5월 23일 제13-1071호
주소 서울특별시 마포구 양화로 19 합정오피스빌딩 17층
전화 02) 2179-5600 **홈페이지** www.wisdomhouse.co.kr

ⓒ 천근아, 2025

ISBN 979-11-7171-423-0 13590